陕西卤阳湖的鸟类

高学斌　杨亚桥　主编

陕西新华出版传媒集团
陕西科学技术出版社
Shaanxi Science and Technology Press
西　安

图书在版编目（CIP）数据

陕西卤阳湖的鸟类 / 高学斌，杨亚桥主编 .—西安：陕西科学技术出版社，2021.8（2021.10重印）

ISBN 978-7-5369-8071-6

Ⅰ . ①陕… Ⅱ . ①高… ②杨 Ⅲ . ①鸟类 – 介绍 – 渭南 Ⅳ . ① Q959.708

中国版本图书馆 CIP 数据核字（2021）第 086214 号

SHAANXI LUYANGHU DE NIAOLEI

陕西卤阳湖的鸟类

高学斌 杨亚桥 主编

责任编辑 刘维娜 孙雨来

封面设计 曾 珂

出 版 者 陕西新华出版传媒集团 陕西科学技术出版社

西安市曲江新区登高路 1388 号陕西新华出版传媒产业大厦 B 座

电话（029）81205187 传真（029）81205155 邮编 710061

http://www.snstp.com

发 行 者 陕西新华出版传媒集团 陕西科学技术出版社

电话（029）81205180 81206809

印 刷 西安五星印刷有限公司

规 格 880mm × 1230mm 16 开本

印 张 14.75

字 数 383 千字

版 次 2021 年 8 月第 1 版

2021 年 10 月第 2 次印刷

书 号 ISBN 978-7-5369-8071-6

定 价 289.00 元

《陕西卤阳湖的鸟类》编委会

主　编　高学斌　杨亚桥

副主编　罗　磊　刘博野　王　静

编　者　罗　磊　刘博野　杨亚桥　高学斌　王　静

臧晓博　张小勇　廖小青　赵纳勋　侯玉宝

摄　影　（全部提供照片人员，按姓氏笔画排序）

万　勇　王　实　王小炯　王中强　邓　郁　田宁朝

朱　勇　向定乾　齐晓光　关　克　杜靖华　李　晰

李　韬　李广武　李巨勇　李明璞　李宗丰　李剑平

杨亚桥　杨晓菁　肖　红　汪青雄　沈志群　宋泽远

张小勇　张永文　张国铭　陈永锡　陈跃生　林清贤

罗　磊　周　勇　赵开生　赵纳勋　胡光锋　贾亦飞

夏川广　高学斌　唐万玲　臧晓博　廖小凤　廖小青

薛　琳

前 言

Foreword

陕西蒲城卤阳湖国家湿地公园位于蒲城县西南部，地理坐标介于东经 109°23′18″~109°35′10″ 和北纬 34°47′40″~34°49′45″ 之间，海拔高度 369~440m。公园东西跨度约 18km，南北跨度约 4km，总面积约为 1197.0hm^2，其中湿地面积为 939.2hm^2。在东亚 – 澳大利西亚水鸟迁飞区上，卤阳湖湿地对鸻鹬类的觅食和停歇来说是一个具有全球重要性的地点。2008 年 12 月经国家林业局（现国家林业和草原局）批准，陕西蒲城卤阳湖国家湿地公园被列为国家湿地公园建设的试点单位，并于 2015 年 12 月通过了原国家林业局验收，正式挂牌成立。

2012 年及 2014~2021 年 3 月，在渭南市卤阳湖现代产业综合开发管理委员会和亚洲开发银行的资助下，陕西省动物研究所对卤阳湖鸟类的基本组成逐月进行了连续监测和调查，调查结果发现卤阳湖分布鸟类 18 目 49 科 191 种（分类系统参考郑光美，2017），约占陕西省分布鸟类（作者统计 560 余种）的 34.1%。其中，国家 Ⅰ 级重点保护野生动物 3 种，即大鸨、白头硬尾鸭和黄胸鹀；国家 Ⅱ 级重点保护野生动物 28 种，包括灰鹤、鸳鸯、红隼等；陕西省重点保护鸟类 12 种。调查期间，发现陕西新分布鸟类 9 种，为蒙古沙鸻、尖尾滨鹬、红腹滨鹬、阔嘴鹬、红颈瓣蹼鹬、半蹼鹬、白头硬尾鸭、中华攀雀和紫翅椋鸟。随着 2021 年鸟类监测工作的继续开展，卤阳湖仍有一些鸟种被发现，如红喉鹨（*Anthus cervinus*）、小滨鹬（*Calidris minuta*）等。由于书稿已经截稿，后续观测到的物种未写入。

在亚洲开发银行的资助下，我们依据多年的调查结果，编写完成了《陕西卤阳湖的鸟类》一书，该书又在陕西省科学院的资助下得以正式出版。书中鸟类的照片主要在卤阳湖拍摄，照片中突出鸟类在卤阳湖栖息期间的形态特征，尤其因卤阳湖是一些非繁殖鸟类的迁徙停歇地和食物补给地，因此有些鸟类个体的体色仍处于换羽期。书中配有每种鸟类的分类地位、鉴别特征、生活习性、国内分布，以及在卤阳湖的分布生境、居留型和种群数量等内容，以便读者对卤阳湖的鸟类能有一个较为全面的认识。

衷心感谢万勇、王中强、田宁朝、向定乾、关克等 40 位先生提供了大量宝贵的鸟类照片，丰富了本书内容，然而由于篇幅有限，部分照片未能采用，深表歉意。

限于水平，本书谬误、遗漏之处在所难免，我们热忱地欢迎各位读者给予批评指正。

编　者

2021 年 3 月

目　录

Contents

第一部分

概　述

一、自然概况

（一）地理位置

陕西蒲城卤阳湖国家湿地公园位于蒲城县西南部，东起天骄湖东侧环湖路，西至蒲城县和富平县交界（卤泊滩西界）处，南至窖楞堡，北邻 S313 省道；地理坐标介于东经 109°23′18″~109°35′10″ 和北纬 34°47′40″~34°49′45″ 之间，海拔高度 369~440m；东西跨度约 18km，南北跨度约 4km，总面积约为 1197.0hm²。

（二）地质地貌

卤阳湖湿地公园所在区域处于祁连、吕梁、贺兰山字形构造前弧东翼及东侧盾地展布地区，北山区属鄂尔多斯台向斜南部边缘，是山西台背斜汾渭内陆断陷西段——渭河地堑的北缘。主要系寒武纪、奥陶纪、中生代白垩纪、中新世中期、下更新统时期、中更新统时期及新统时期地层组成，第四纪以后，经过冰川气候变冷，动植物也发生了根本变化，现代地貌基本形成。

该区为陕北黄土高原与关中渭河平原交接地带。地形以台塬为主，地势西北高而东南低，海拔高度为 370~1200m，山、川、原、滩皆有。地貌分为北原山地、中部台塬、洪积扇裙、东部河谷 4 种类型。

卤阳湖湿地公园局部地区属于中部台塬与南部渭河平原过渡地带，地势开阔平坦，地形的总趋势为西高东低，由西北向东南方向倾斜，四周高，中间低，呈双环型封闭洼地。

卤阳湖湿地公园部分所属为一级黄土台塬。一级黄土台塬西起原任东到永丰，北始翔村南至陈庄，面积约 825km²，海拔高度为 370~600m。与河谷阶地在西部以缓坡相接，界限不明显，在东部以陡坡相接，高差 50m。总体地势东北高而西南低，基本平坦，但分布一些构造性洼地和土岗土塬，如卤泊滩、保南洼、昌平洼以及紫荆塬、九龙塬、伏龙塬、孙镇塬、凤式塬等。二级黄土塬含罕井、上王、蔡邓、马湖、高阳等乡（镇）大部或部分地区，面积约 106km²，海拔高度为 600~900m。黄土塬组成的物质具有二元结构，下伏第四系下更新统冲积物和第三系红色岩系，上覆有中上更新统离石黄土和马兰黄土。由于组成物质松散，雨水集中侵蚀严重，在北部二级塬上形成许多沟壑，深达 70~100m，在中部一级台塬的边沿也形成许多冲沟。台塬区东北部干旱缺水，南部盐碱严重，构造洼地土质黏重，为蒲城县农业中产和低产区。

（三）气候

卤阳湖湿地公园属温带大陆性季风型气候。四季分明，春温、夏热、秋凉、冬寒，日照充足，雨量偏少，全年多东北风。多年平均气温 13.7℃，最冷月为 1 月份，平均气温 –1.4℃，极端最低气温 –16.7℃；最热月为 7 月份，平均气温 26.7℃，极端最高气温达 41.8℃。多年平均降水量为 524.1mm，极端最大雨量 876.1mm，最少雨量 271.8mm。无霜期 218d。年日照时数平均为 2282.4h，日照百分率为 51%。

（四）土壤

卤阳湖湿地公园主要土种有盐化潮土、草甸盐土、沼泽盐土和盐化塿土。湿地土壤 pH 值在 8.4~10.1 之间，含盐量 0.6%~1.6%，有机质含量 1% 以上。

潮土属半水成土壤类型，主要分布于河流两岸，发育于河流冲积——洪积物上。地下水位多在 1.5~2.0m，地下水强烈参与土壤水分循环，直接影响成土过程，常有“夜潮”现象，雨季易涝。土体薄，肥力低，但口松易耕。

盐土表层和土体中积聚有过多的可溶性盐类，主要分布在卤泊滩地区。腐殖质含量低、含可溶性盐过高，不利于植物生长。可通过排水、冲洗淋盐、放淤等改良措施对土壤加以利用。

（五）水文及水质与湿地类型

1. 水文及水质

卤阳湖湿地公园以卤阳湖为主体，集内陆湖泊湿地、库塘湿地、芦苇沼泽、盐田及输水河于一体。卤泊滩形成于下更新世末期，系下更新统三门湖的沉积范围；地势低凹、闭塞，是一个地表水和地下水的汇集区，沉积物含盐碱多，水质矿化严重，在目前能钻探的深度内没有淡水。水质属硫酸根—氯钠镁型水，矿化度为 5~10g/L。湖泊水域受雨水、干旱的影响，变化幅度较大，一般常年平均蓄水量为 231 万 m^3，丰水季节最大蓄水量为 323 万 m^3。位于蒲城县东部的洛惠渠是卤阳湖湿地主要的补充水源地。

2. 湿地类型、面积与分布

1）湿地类型与面积

参照《全国湿地资源调查与监测技术规程（试行）》中的湿地分类划分标准，卤阳湖湿地公园内的湿地类型包括沼泽湿地和人工湿地 2 类 5 型，其中沼泽湿地包括内陆盐沼和季节性咸水沼泽 2 种，人工湿地包括库塘、输水河和盐田 3 种。各类型湿地面积如下表所示（表 1–1）。

表 1–1　卤阳湖国家湿地公园湿地类型统计表

代码	湿地类	代码	湿地型	面积 /hm^2	占湿地总面积 /%	占湿地公园总面积比例 /%
Ⅳ	沼泽湿地	Ⅳ 5	内陆盐沼	57.0	6.1	4.8
		Ⅳ 6	季节性咸水沼泽	193.1	20.6	16.1
Ⅴ	人工湿地	Ⅴ 1	库塘	168.9	18.0	14.1
		Ⅴ 2	输水河	18.8	2.0	1.6
		Ⅴ 5	盐田	501.4	53.4	41.9

卤阳湖湿地公园的总面积为 1197.0hm^2，其中湿地面积为 939.2hm^2，占湿地公园总面积的 78.5%。湿地面积中，内陆盐沼面积为 57.0hm^2，季节性咸水沼泽面积为 193.1hm^2，库塘面积为 168.9hm^2，排盐碱渠（输水河）面积为 18.8hm^2，盐田面积为 501.4hm^2，各占湿地面积的比例依次为 6.1%、20.6%、18.0%、2.0% 和 53.4%。

2）湿地分布

（1）沼泽湿地

卤阳湖湿地公园的沼泽湿地包括内陆盐沼和季节性咸水沼泽 2 种湿地类型。

内陆盐沼指在盐水影响下生长盐生植被的沼泽。以苏打为主的盐土，含盐量应大于 0.7%；以氯化物和硫酸盐为主的盐土，含盐量应分别大于 1.0% 和 1.2%。主要分布在卤泊滩以及内府滩盐田周边受盐水影响、生长盐生植被的区域。

季节性咸水沼泽指受微咸水或咸水影响，只在部分季节维持浸湿或潮湿状况的沼泽。主要分布在卤泊滩湿地季节性受咸水影响的低洼区域。

（2）人工湿地

卤阳湖湿地公园的人工湿地包括库塘、排水渠和盐田 3 种湿地类型。

库塘湿地是指以蓄水、发电、农业灌溉、城市景观、农村生活为主要目的而建造的，面积不小于 8hm^2 的蓄水区。主要分布在内府滩低洼处的两处水面——天骄湖和天卤湖。

排水渠是指为输水或水运而建造的人工河流湿地，包括以灌溉为主要目的沟、渠。卤阳湖主要是通过西干沟、中干沟、东干沟和总干沟等排水工程将卤泊滩、内府滩低洼处的水通过总干沟直接排入洛河。

盐田是指为获取盐业资源而修建的晒盐场所或盐池，包括盐池和盐水泉。在卤阳湖区域里，盐田集中分布在卤泊滩。

天骄湖

盐田

天卤湖

排碱渠

（六）植被与湿地植被类型

1. 植被

卤阳湖湿地公园除耐盐碱植物外，基本属于人工栽种的种类。截至 2020 年，植物栽种区域主要在天骄湖环湖区及天卤湖的南侧。公园内共有种子植物 68 科，162 属，212 种。主要乔木有中国槐、刺槐、泡桐、臭椿、白杨、旱柳、垂柳、合欢、枸、长叶女贞、楝、侧柏和雪松等，灌木有黄杨、杠柳、多枝柽柳和沙棘等。主要经济林树种有梨、桃、杏、柿、核桃、枣、葡萄和花椒等。主要耐盐碱草本植物有芦苇、盐地碱蓬、猪毛蒿和大披针苔草等。

2. 湿地植被类型

卤阳湖湿地公园植被类型均为耐盐碱的草本植物群落，包括芦苇群落、盐地碱蓬群落和猪毛蒿群落等。

1）芦苇群落

芦苇群落的生态适应范围广，广泛分布在湿洼地和沼泽地，群落环境常年或大部分季节积水，水中分布有丰富的藻类植物，土壤含盐量的差异较大，其在不同盐渍土上均能良好存活。芦苇群落覆盖变化较大，主要受限于水分，芦苇纯群落盖度一般为 65%~100%。群落高度约 2m 以下。

2）盐地碱蓬群落

盐地碱蓬是淤泥质潮滩和重盐碱地段的主要植物，生境一般为低洼地，多有季节性积水，土壤盐分较高。盐地碱蓬群落总盖度因土壤含盐量和地下水埋深度的不同而有较大差异，在滩涂地和轻度盐渍土条件下常零星分布，群落盖度不足 5%；而在盐分含量较高的条件下，则会形成盐地碱蓬纯群落，盖度可达 100%。伴生种主要为芦苇，群落高度 15~50cm。

3）猪毛蒿群落

猪毛蒿群落主要位于湖滩高地上，土壤含盐量较低。在 0.5% 以下时，该群落以猪毛蒿为建群种，伴生植物有茵陈蒿、狗尾草、虎尾草等，群落高度 15~50cm。

芦苇群落

盐地碱蓬群落

猪毛蒿群落

二、鸟类栖息地及其变化

历史上，卤阳湖曾是关中最大的湖泊。据周杰等（2012）对过去 2000 年卤阳湖演变的研究结果表明，卤阳湖可能由 3 个相对独立或互相连通的部分组成，自西向东依次为“盐池泽”（陕西省富平县境内）、“西卤池”（陕西省蒲城县境内）与“东卤池”（陕西省蒲城县境内）。随着人口增加，尤其是耕地面积的增加，到 20 世纪上半叶，即民国时期，卤阳湖已经基本干枯。

近年来经过对卤阳湖的综合治理，目前，卤阳湖水域自东至西主要由东区的天骄湖和新开挖的天卤湖及西区的卤泊滩盐田等组成。对于卤阳湖鸟类调查工作，集中在 2012~2020 年。因此，本书我们仅介绍此时间段内鸟类栖息地生境的变化。2012 年卤阳湖的水域主要为天骄湖，面积约 53hm^2，内府滩和卤泊滩主要为盐田和沼泽湿地，面积约 660hm^2，天骄湖周边的景观树已开始大面积种植，在盐田周边分布有芦苇和灌丛杂草。2014 年 11 月起，内府滩的盐田逐渐停止经营，且自东至西开挖天卤湖，并在其南侧栽种了景观树; 2017 年 8 月在卤泊滩又修建了约 110hm^2 的盐田。自 2018 年 11 月起，卤阳湖的生境类型主要为湖泊（库塘）、盐田、沼泽湿地、林区（景观树林）和农田，其中湖泊和输水河约 187.7hm^2，盐田和沼泽湿地约 751.5hm^2。

天卤湖环湖路树林

天卤湖开挖前的盐田

天卤湖开挖中

新建盐田

三、调查结果

（一）鸟类的组成

2012 年及 2014~2021 年 3 月，我们对卤阳湖的鸟类进行了调查，共观测到鸟类 18 目 49 科 191 种（见表 1–2）。按居留型分（对于有 2 种居留型的鸟类，以前者为主），留鸟 43 种，夏候鸟 27 种，冬候鸟 14 种，旅鸟 105 种，迷鸟 2 种。卤阳湖分布有国家重点保护野生动物 31 种，其中，国家 I 级重点保护野生动物 3 种，即大鸨、白头硬尾鸭和黄胸鹀；国家 II 级重点保护野生动物 28 种，包括大天鹅、鸳鸯、花脸鸭、斑头秋沙鸭、黑颈䴙䴘、水雉、半蹼鹬、白腰杓鹬、大杓鹬、翻石鹬、阔嘴鹬、灰鹤、白琵鹭、鹗、白腹鹞、白尾鹞、鹊鹞、黑鸢、大鵟、普通鵟、斑头鸺鹠、纵纹腹小鸮、长耳鸮、短耳鸮、红隼、游隼、云雀和蓝喉歌鸲；陕西省重点保护野生动物 12 种，有短嘴豆雁、翘鼻麻鸭、赤麻鸭、绿头鸭、斑嘴鸭、赤嘴潜鸭、彩鹬、夜鹭、苍鹭、草鹭、大白鹭和中白鹭；有重要生态、科学、社会价值的陆生野生动物 132 种。

表 1–2 卤阳湖鸟类名录

中文名	学名	居留型	居留月份												保护级别
			1	2	3	4	5	6	7	8	9	10	11	12	
一、鸡形目	GALLIFORMES														
1. 雉科	Phasianidae														
（1）鹌鹑	*Coturnix japonica*	P				+	+				+	+			
（2）环颈雉	*Phasianus colchicus*	R	+	+	+	+	+	+	+	+	+	+	+	+	
二、雁形目	ANSERIFORMES														
2. 鸭科	Anatidae														
（3）短嘴豆雁	*Anser serrirostris*	W	+	+									+	+	Sz
（4）灰雁	*Anser anser*	P			+	+						+	+	+	
（5）大天鹅	*Cygnus cygnus*	P												+	II
（6）翘鼻麻鸭	*Tadorna tadorna*	P/W	+	+	+	+				+	+	+	+	+	Sz
（7）赤麻鸭	*Tadorna ferruginea*	W/P	+	+	+	+					+	+	+	+	Sz
（8）鸳鸯	*Aix galericulata*	P				+			+			+			II
（9）赤膀鸭	*Mareca strepera*	P			+	+					+	+	+	+	
（10）罗纹鸭	*Mareca falcata*	P				+	+					+		+	
（11）赤颈鸭	*Mareca penelope*	P		+	+	+	+		+	+		+	+		
（12）绿头鸭	*Anas platyrhynchos*	W/R	+	+	+	+	+	+	+	+	+	+	+	+	Sz
（13）斑嘴鸭	*Anas zonorhyncha*	W/R	+	+	+	+	+	+	+	+	+	+	+	+	Sz
（14）针尾鸭	*Anas acuta*	P		+	+	+						+	+		
（15）绿翅鸭	*Anas crecca.*	P/W	+	+	+	+	+			+	+	+	+	+	
（16）琵嘴鸭	*Spatula clypeata*	P		+	+	+					+	+	+		
（17）白眉鸭	*Spatula querquedula*	P				+	+					+	+		
（18）花脸鸭	*Sibirionetta formosa*	P											+	+	II
（19）赤嘴潜鸭	*Netta rufina*	P/W	+	+								+	+	+	Sz
（20）红头潜鸭	*Aythya ferina*	P/W	+	+	+	+	+				+	+	+	+	

续表

中文名	学名	居留型	居留月份												保护级别
			1	2	3	4	5	6	7	8	9	10	11	12	
（21）白眼潜鸭	*Aythya nyroca*	P/W	+	+	+	+		+	+	+	+	+	+	+	
（22）凤头潜鸭	*Aythya fuligula*	P			+		+			+		+	+	+	
（23）斑脸海番鸭	*Melanitta fusca*	M										+			
（24）鹊鸭	*Bucephala clangula*	P			+									+	
（25）斑头秋沙鸭	*Mergellus albellus*	P/W	+	+										+	II
（26）普通秋沙鸭	*Mergus merganser*	P/W	+	+		+								+	
（27）白头硬尾鸭	*Oxyura leucocephala*	M											+		I
三、䴙䴘目	PODICIPEDIFORMES														
3.䴙䴘科	Podicipedidae														
（28）小䴙䴘	*Tachybaptus ruficollis*	R	+	+	+	+	+	+	+	+	+	+	+	+	
（29）凤头䴙䴘	*Podiceps cristatus*	P/R	+	+	+	+	+	+	+	+	+	+	+	+	
（30）黑颈䴙䴘	*Podiceps nigricollis*	P			+	+		+	+	+	+	+	+		II
四、鸽形目	COLUMBIFORMES														
4. 鸠鸽科	Columbidae														
（31）岩鸽	*Columba rupestris*	R	+	+	+	+	+	+	+	+	+	+	+	+	
（32）山斑鸠	*Streptopelia orientalis*	R	+	+	+	+	+	+	+	+	+	+	+	+	
（33）灰斑鸠	*Streptopelia decaocto*	R	+	+	+	+	+	+	+	+	+	+	+	+	
（34）火斑鸠	*Streptopelia tranquebarica*	R	+	+	+	+	+	+	+	+	+	+	+	+	
（35）珠颈斑鸠	*Streptopelia chinensis*	R	+	+	+	+	+	+	+	+	+	+	+	+	
五、夜鹰目	CAPRIMULGIFORMES														
5. 雨燕科	Apodidae														
（36）普通雨燕	*Apus apus*	P				+	+			+	+				
（37）白腰雨燕	Apus pacificus	P				+	+			+	+				
六、鹃形目	CUCULIFORMES														
6. 杜鹃科	Cuculidae														
（38）噪鹃	*Eudynamys scolopaceus*	S					+	+	+						
（39）四声杜鹃	*Cuculus micropterus*	S				+	+	+	+						
（40）大杜鹃	*Cuculus canorus*	S				+	+	+	+						
七、鸨形目	OTIDIFORMES														
7. 鸨科	Otididae														
（41）大鸨	*Otis tarda*	W	+	+	+								+	+	I
八、鹤形目	GRUIFORMES														
8. 秧鸡科	Rallidae														
（42）黑水鸡	*Gallinula chloropus*	R	+	+	+	+	+	+	+	+	+	+	+	+	
（43）白骨顶	*Fulica atra*	W/R	+	+	+	+	+	+	+	+	+	+	+	+	
9. 鹤科	Gruidae														
（44）灰鹤	*Grus grus*	P			+										II
九、鸻形目	CHARADRIIFORMES														

续表

中文名	学名	居留型	居留月份												保护级别
			1	2	3	4	5	6	7	8	9	10	11	12	
10. 反嘴鹬科	Recurvirostridae														
（45）黑翅长脚鹬	*Himantopus himantopus*	S			+	+	+	+	+	+	+	+	+		
（46）反嘴鹬	*Recurvirostra avosetta*	P/S			+	+	+	+	+	+	+	+	+		
11. 鸻科	Charadriidae														
（47）凤头麦鸡	*Vanellus vanellus*	P		+	+	+						+	+		
（48）灰头麦鸡	*Vanellus cinereus*	S			+	+	+	+	+	+	+	+	+		
（49）金鸻	*Pluvialis fulva*	P					+			+	+	+	+		
（50）灰鸻	*Pluvialis squatarola*	P								+			+		
（51）长嘴剑鸻	*Charadrius placidus*	P			+	+	+		+	+	+	+			
（52）金眶鸻	*Charadrius dubius*	S			+	+	+	+	+	+	+	+			
（53）环颈鸻	*Charadrius alexandrinus*	S			+	+	+	+	+	+	+	+	+		
（54）蒙古沙鸻	*Charadrius mongolus*	P					+								
（55）铁嘴沙鸻	*Charadrius leschenaultii*	P				+			+		+				
（56）东方鸻	*Charadrius veredus*	P									+				
12. 彩鹬科	Rostratulidae														
（57）彩鹬	*Rostratula benghalensis*	S							+						Sz
13. 水雉科	Jacanidae														
（58）水雉	*Hydrophasianus chirurgus*	P					+	+							II
14. 鹬科	Scolopacidae														
（59）丘鹬	*Scolopax rusticola*	P									+	+			
（60）针尾沙锥	*Gallinago stenura*	P				+	+			+	+	+	+		
（61）扇尾沙锥	*Gallinago gallinago*	P				+	+			+	+	+	+		
（62）长嘴半蹼鹬	*Limnodromus scolopaceus*	P										+			
（63）半蹼鹬	*Limnodromus semipalmatus*	P								+					II
（64）黑尾塍鹬	*Limosa limosa*	P				+	+		+	+	+	+	+		
（65）中杓鹬	*Numenius phaeopus*	P				+	+				+				
（66）白腰杓鹬	*Numenius arquata*	P			+	+			+	+	+	+			II
（67）大杓鹬	*Numenius madagascariensis*	P			+			+			+				II
（68）鹤鹬	*Tringa erythropus*	P			+	+	+	+	+	+	+	+	+		
（69）红脚鹬	*Tringa totanus*	P			+	+	+	+	+	+	+	+	+		
（70）泽鹬	*Tringa stagnatilis*	P								+	+	+			
（71）青脚鹬	*Tringa nebularia*	P				+	+	+	+	+	+	+	+		
（72）白腰草鹬	*Tringa ochropus*	S/P			+	+	+	+	+	+	+	+	+		
（73）林鹬	*Tringa glareola*	P			+	+	+	+	+	+	+	+	+		
（74）灰尾漂鹬	*Tringa brevipes*	P									+				
（75）矶鹬	*Actitis hypoleucos*	P			+	+	+		+	+	+	+			
（76）翻石鹬	*Arenaria interpres*	P								+	+				II
（77）红腹滨鹬	*Calidris canutus*	P				+	+				+				

续表

中文名	学名	居留型	居留月份												保护级别
			1	2	3	4	5	6	7	8	9	10	11	12	
（78）三趾滨鹬	*Calidris alba*	P								+	+				
（79）红颈滨鹬	*Calidris ruficollis*	P				+	+			+	+	+			
（80）青脚滨鹬	*Calidris temminckii*	P				+	+				+	+			
（81）长趾滨鹬	*Calidris subminuta*	P				+	+	+	+	+	+	+			
（82）尖尾滨鹬	*Calidris acuminata*	P							+	+	+	+			
（83）阔嘴鹬	*Calidris falcinellus*	P								+	+				II
（84）流苏鹬	*Calidris pugnax*	P				+	+		+	+	+	+			
（85）弯嘴滨鹬	*Calidris ferruginea*	P				+	+		+	+	+	+	+		
（86）黑腹滨鹬	*Calidris alpina*	P							+						
（87）红颈瓣蹼鹬	*Phalaropus lobatus*	P				+				+	+				
15. 燕鸻科	Glareolidae														
（88）普通燕鸻	*Glareola maldivarum*	S				+	+	+	+	+	+				
16. 鸥科	Laridae														
（89）棕头鸥	*Chroicocephalus brunnicephalus*	P			+	+									
（90）红嘴鸥	*Chroicocephalus ridibundus*	P			+		+			+	+	+	+	+	
（91）西伯利亚银鸥	*Larus smithsonianus*	P									+	+		+	
（92）鸥嘴噪鸥	*Gelochelidon nilotica*	P									+				
（93）白额燕鸥	*Sternula albifrons*	S					+	+	+	+					
（94）普通燕鸥	*Sterna hirundo*	S				+	+	+	+	+	+				
（95）灰翅浮鸥	*Chlidonias hybrida*	P			+	+	+			+	+				
十、鲣鸟目	SULIFORMES														
17. 鸬鹚科	Phalacrocoracidae														
（96）普通鸬鹚	*Phalacrocorax carbo*	P			+						+	+	+	+	
十一、鹈形目	PELECANIFORMES														
18. 鹮科	Threskiornithidae														
（97）白琵鹭	*Platalea leucorodia*	P									+	+	+		II
19. 鹭科	Ardeidae														
（98）大麻鳽	*Botaurus stellaris*	W									+				
（99）黄斑苇鳽	*Ixobrychus sinensis*	S									+				
（100）栗苇鳽	*Ixobrychus cinnamomeus*	S							+						
（101）夜鹭	*Nycticorax nycticorax*	P/S					+			+	+	+			Sz
（102）池鹭	*Ardeola bacchus*	S					+		+	+	+				
（103）牛背鹭	*Bubulcus ibis*	S					+	+	+						
（104）苍鹭	*Ardea cinerea*	R	+	+	+	+	+	+	+	+	+	+	+	+	Sz
（105）草鹭	*Ardea purpurea*	P									+				Sz
（106）大白鹭	*Ardea alba*	W/P	+	+	+	+	+		+	+	+	+	+	+	Sz
（107）中白鹭	*Ardea intermedia*	P							+						Sz
（108）白鹭	*Egretta garzetta*	R	+	+	+	+	+	+	+	+	+	+	+	+	

续表

中文名	学名	居留型	居留月份 1	2	3	4	5	6	7	8	9	10	11	12	保护级别
十二、鹰形目	ACCIPITRIFORMES														
20. 鹗科	Pandionidae														
（109）鹗	*Pandion haliaetus*	P			+	+	+				+	+	+		II
21. 鹰科	Accipitridae														
（110）白腹鹞	*Circus spilonotus*	P				+	+				+	+			II
（111）白尾鹞	*Circus cyaneus*	P/W	+	+	+	+	+			+	+	+			II
（112）鹊鹞	*Circus melanoleucos*	P				+	+			+	+	+			II
（113）黑鸢	*Milvus migrans*	P			+	+	+				+	+	+		II
（114）大鵟	*Buteo hemilasius*	P			+	+	+				+	+	+		II
（115）普通鵟	*Buteo japonicus*	W/P	+	+	+	+	+				+	+	+	+	II
十三、鸮形目	STRIGIFORMES														
22. 鸱鸮科	Strigidae														
（116）斑头鸺鹠	*Glaucidium cuculoides*	R	+	+	+	+	+	+	+	+	+	+	+	+	II
（117）纵纹腹小鸮	*Athene noctua*	R	+	+	+	+	+	+	+	+	+	+	+	+	II
（118）长耳鸮	*Asio otus*	W	+	+	+						+	+	+	+	II
（119）短耳鸮	*Asio flammeus*	W	+	+	+						+	+	+	+	II
十四、犀鸟目	BUCEROTIFORMES														
23. 戴胜科	Upupidae														
（120）戴胜	*Upupa epops*	R	+	+	+	+	+	+	+	+	+	+	+	+	
十五、佛法僧目	CORACIIFORMES														
24. 翠鸟科	Alcedinidae														
（121）蓝翡翠	*Halcyon pileata*	S						+	+	+					
（122）普通翠鸟	*Alcedo atthis*	R	+	+	+	+	+	+	+	+	+	+	+	+	
十六、啄木鸟目	PICIFORMES														
25. 啄木鸟科	*Picidae*														
（123）星头啄木鸟	*Dendrocopos canicapillus*	R	+	+	+	+	+	+	+	+	+	+	+	+	
（124）大斑啄木鸟	*Dendrocopos major*	R	+	+	+	+	+	+	+	+	+	+	+	+	
（125）灰头绿啄木鸟	*Picus canus*	R	+	+	+	+	+	+	+	+	+	+	+	+	
十七、隼形目	FALCONIFORMES														
26. 隼科	Falconidae														
（126）红隼	*Falco tinnunculus*	R	+	+	+	+	+	+	+	+	+	+	+	+	II
（127）游隼	*Falco peregrinus*	P		+	+						+				II
十八、雀形目	PASSERIFORMES														
27. 黄鹂科	Oriolidae														
（128）黑枕黄鹂	*Oriolus chinensis*	S					+	+	+	+	+				
28. 卷尾科	Dicruridae														
（129）黑卷尾	*Dicrurus macrocercus*	S					+	+	+	+	+	+			
29. 伯劳科	Laniidae														
（130）虎纹伯劳	*Lanius tigrinus*	S					+	+	+	+	+				

续表

中文名	学名	居留型	居留月份												保护级别
			1	2	3	4	5	6	7	8	9	10	11	12	
（131）牛头伯劳	*Lanius bucephalus*	P				+	+				+	+			
（132）红尾伯劳	*Lanius cristatus*	S					+	+	+	+	+				
（133）棕背伯劳	*Lanius schach*	R	+	+	+	+	+	+	+	+	+	+	+	+	
（134）灰背伯劳	*Lanius tephronotus*	P				+	+				+	+			
（135）楔尾伯劳	*Lanius sphenocercus*	W	+	+	+	+					+	+	+	+	
30. 鸦科	Corvidae														
（136）灰喜鹊	*Cyanopica cyanus*	R	+	+	+	+	+	+	+	+	+	+	+	+	
（137）红嘴蓝鹊	*Urocissa erythrorhyncha*	R	+	+	+	+	+	+	+	+	+	+	+	+	
（138）喜鹊	*Pica pica*	R	+	+	+	+	+	+	+	+	+	+	+	+	
（139）大嘴乌鸦	*Corvus macrorhynchos*	R	+	+	+	+	+	+	+	+	+	+	+	+	
31. 山雀科	Paridae														
（140）黄腹山雀	*Pardaliparus venustulus*	R	+	+	+	+	+	+	+	+	+	+	+	+	
（141）大山雀	*Parus cinereus*	R	+	+	+	+	+	+	+	+	+	+	+	+	
32. 攀雀科	Remizidae														
（142）中华攀雀	*Remiz consobrinus*	P				+				+					
33. 百灵科	Alaudidae														
（143）短趾百灵	*Alaudala cheleensis*	W	+	+	+	+	+					+	+	+	
（144）凤头百灵	*Galerida cristata*	R	+	+	+	+	+	+	+	+	+	+	+	+	
（145）云雀	*Alauda arvensis*	W	+	+	+	+	+					+	+	+	II
34. 扇尾莺科	Cisticolidae														
（146）棕扇尾莺	*Cisticola juncidis*	R	+	+	+	+	+	+	+	+	+	+	+	+	
（147）纯色山鹪莺	*Prinia inornata*	R	+	+	+	+	+	+	+	+	+	+	+	+	
35. 苇莺科	Acrocephalidae														
（148）东方大苇莺	*Acrocephalus orientalis*	S				+	+	+	+	+	+	+			
36. 燕科	Hirundinidae														
（149）崖沙燕	*Riparia riparia*	P							+	+	+	+			
（150）家燕	*Hirundo rustica*	S			+	+	+	+	+	+	+	+			
（151）金腰燕	*Cecropis daurica*	S			+	+	+	+	+	+	+	+			
37. 鹎科	Pycnonotidae														
（152）领雀嘴鹎	*Spizixos semitorques*	R	+	+	+	+	+	+	+	+	+	+	+	+	
（153）黄臀鹎	*Pycnonotus xanthorrhous*	R	+	+	+	+	+	+	+	+	+	+	+	+	
（154）白头鹎	*Pycnonotus sinensis*	R	+	+	+	+	+	+	+	+	+	+	+	+	
38. 柳莺科	Phylloscopidae														
（155）褐柳莺	*Phylloscopus fuscatus*	P			+	+	+				+	+	+		
（156）黄腰柳莺	*Phylloscopus proregulus*	P				+	+				+	+	+		
39. 树莺科	Cettiidae														
（157）远东树莺	*Horornis canturians*	S				+	+	+	+	+					
（158）强脚树莺	*Horornis fortipes*	R	+	+	+	+	+	+	+	+	+	+	+	+	

续表

中文名	学名	居留型	居留月份												保护级别
			1	2	3	4	5	6	7	8	9	10	11	12	
40. 莺鹛科	Sylviidae														
（159）山鹛	*Rhopophilus pekinensis*	R	+	+	+	+	+	+	+	+	+	+	+	+	
（160）棕头鸦雀	*Sinosuthora webbiana*	R	+	+	+	+	+	+	+	+	+	+	+	+	
41. 绣眼鸟科	Zosteropidae														
（161）暗绿绣眼鸟	*Zosterops japonicus*	P/S				+	+	+	+	+	+				
42. 噪鹛科	Leiothrichidae														
（162）山噪鹛	*Garrulax davidi*	R	+	+	+	+	+	+	+	+	+	+	+	+	
（163）白颊噪鹛	*Garrulax sannio*	R	+	+	+	+	+	+	+	+	+	+	+	+	
43. 椋鸟科	Sturnidae														
（164）灰椋鸟	*Spodiopsar cineraceus*	R	+	+	+	+	+	+	+	+	+	+	+	+	
（165）北椋鸟	*Agropsar sturninus*	S				+	+	+	+	+					
（166）紫翅椋鸟	*Sturnus vulgaris*	P										+	+		
44. 鸫科	Turdidae														
（167）乌鸫	*Turdus mandarinus*	R	+	+	+	+	+	+	+	+	+	+	+	+	
（168）红尾斑鸫	*Turdus naumanni*	P				+	+				+	+	+		
（169）斑鸫	*Turdus eunomus*	P				+	+				+	+	+		
45. 鹟科	Muscicapidae														
（170）蓝喉歌鸲	*Luscinia svecica*	P										+			II
（171）红胁蓝尾鸲	*Tarsiger cyanurus*	P				+	+				+	+			
（172）北红尾鸲	*Phoenicurus auroreus*	R	+	+	+	+	+	+	+	+	+	+	+	+	
（173）黑喉石䳭	*Saxicola maurus*	P				+	+				+	+	+		
（174）红喉姬鹟	*Ficedula albicilla*	P				+	+				+				
46. 雀科	Passeridae														
（175）麻雀	*Passer montanus*	R	+	+	+	+	+	+	+	+	+	+	+	+	
47. 鹡鸰科	Motacillidae														
（176）黄鹡鸰	*Motacilla tschutschensis*	P			+	+	+			+	+	+			
（177）黄头鹡鸰	*Motacilla citreola*	P			+	+	+			+	+	+			
（178）白鹡鸰	*Motacilla alba*	R	+	+	+	+	+	+	+	+	+	+	+	+	
（179）田鹨	*Anthus richardi*	P/W	+	+	+	+	+			+	+	+	+	+	
（180）树鹨	*Anthus hodgsoni*	P			+	+	+			+	+	+	+		
（181）粉红胸鹨	*Anthus roseatus*	P			+	+						+	+		
（182）黄腹鹨	*Anthus rubescens*	P			+	+						+			
（183）水鹨	*Anthus spinoletta*	P/W	+	+	+	+	+			+	+	+	+	+	
48. 燕雀科	Fringillidae														
（184）燕雀	*Fringilla montifringilla*	P				+	+				+	+			
（185）普通朱雀	*Carpodacus erythrinus*	P				+	+				+	+			
（186）金翅雀	*Chloris sinica*	R	+	+	+	+	+	+	+	+	+	+	+	+	
49. 鹀科	Emberizidae														

续表

中文名	学名	居留型	居留月份												保护级别
			1	2	3	4	5	6	7	8	9	10	11	12	
（187）三道眉草鹀	*Emberiza cioides*	R	+	+	+	+	+	+	+	+	+	+	+	+	
（188）栗耳鹀	*Emberiza fucata*	S				+	+	+	+	+	+				
（189）小鹀	*Emberiza pusilla*	P/W	+	+	+	+				+	+	+	+	+	
（190）黄胸鹀	*Emberiza aureola*	P									+				Ⅰ
（191）苇鹀	*Emberiza pallasi*	P				+	+					+	+		

注：R– 留鸟，S– 夏候鸟，W– 冬候鸟，P– 旅鸟，M– 迷鸟；Ⅰ – 国家Ⅰ级重点保护野生动物，Ⅱ – 国家Ⅱ级重点保护野生动物，Sz– 陕西省重点保护野生动物；+ – 表示有分布

（二）水鸟的组成与变化

2012 年及 2014~2020 年每年的 3~11 月，我们对卤阳湖分布的水鸟逐月做了系统的调查，其他月份以及 2021 年 1~3 月也进行了补充调查，其结果基本上可以反映出这几年卤阳湖水鸟的组成与变化。从表 1–3 可知，2019 年水鸟种类丰富度最高，为 71 种，2016 年最低，仅 52 种。鸻鹬类物种丰富度以 2014 年和 2019 年最高，均为 38 种，2018 年最低，仅为 28 种。由于鸻鹬类中的鸥类也可以在深水水域栖息，盐田面积的变化对其基本没有影响，因此，我们对除鸥类之外的鸻鹬类的物种数进行了统计，结果发现 2019 年最高，有 36 种，其次为 2014 年，为 35 种，2018 年的最低，为 25 种。除鸻鹬类之外的其他水鸟物种数，以 2020 年最高，有 35 种，2016 年最低，仅 21 种。

表 1–3　各年度水鸟的物种组成

年份 / 种数	2012	2014	2015	2016	2017	2018	2019	2020
总种数	57	64	60	52	56	62	71	68
鸻鹬类种数	32	38	33	31	31	28	38	33
鸥类除外的鸻鹬类种数	30	35	30	27	27	25	36	28
其他水鸟种数	25	26	27	21	25	34	33	35

2014 年 11 月下旬以前，卤阳湖还未开始全面综合治理，除天骄湖外，湿地以盐田为主，本年度卤阳湖分布的鸻鹬类南迁已经结束，其物种数为 38 种，而除鸻鹬类之外的水鸟有 26 种。2014 年 11 月之后，卤阳湖东区内府滩逐渐开挖成天卤湖，内府滩西侧的盐田也逐渐干枯，而西区卤泊滩在 2017 年 8 月又重建了盐田 110hm^2，随着湿地类型及其面积的逐渐变化以及其他环境因素，如施工期噪音和人为活动增强等的影响，水鸟的物种数总体有所下降。2018 年，卤泊滩原有盐田部分未全部投入运营，加之对新建盐田的整修，与 2014 年相比，除鸥类外的鸻鹬类的物种数明显下降，仅有 25 种。而同期内府滩的天卤湖开挖工程已基本完成，且天卤湖和天骄湖的水域连成一片，除鸻鹬类外的其他水鸟的物种数达到 34 种。2019 年，西区卤泊滩盐田基本正常经营，因此水鸟的物种数达到最高，为 71 种。仅从物种数来看，与 2014 年相比，鸻鹬类的物种数一样，均为 38 种，但其他水鸟的物种数从 26 种增加到 33 种。2020 年 7~9 月，由于降水量的明显增加，盐田水位升高，致使南迁期的鸻鹬类尤其体型较小的物种无法觅食，因此鸻鹬类的物种数有所下降，但其他水鸟的物种数达到最高，有 35 种。尽管我们监测时间有限，可能存在错过对一些迁徙途经鸟类，尤其是种群数量较少的鸟类的统计，且这几年卤阳湖的水鸟组成一直处于动态变化之中，但总体来看，除鸻鹬类外的其他水鸟，尤其雁鸭类的物种丰富度趋于增加趋势。

四、卤阳湖湿地对鸟类迁徙的重要性

卤阳湖湿地地处我国候鸟的中部迁徙路线上，也属于全球候鸟东亚－澳大利西亚迁飞区的一个组成部分。盐田中的卤虫（*Artemia* sp.）和水蝇（*Ephydra* sp.），人工湖泊中的水草和鱼类，以及湿地周边的杂草和农作物，为鸻鹬类、雁鸭类和雀形目鸟类等不同类群的鸟类在此迁徙停歇和繁殖提供了季节性食物资源。在卤阳湖分布的 191 种鸟类中，有 148 种为迁徙鸟，约占到总种数的 77.5%。在这些迁徙鸟中，鸻鹬类有 51 种，占到陕西鸻鹬类总种数的 87.9%，除黑翅长脚鹬、反嘴鹬、灰头麦鸡、环颈鸻、金眶鸻、彩鹬、白腰草鹬、普通燕鸻、普通燕鸥和白额燕鸥在此繁殖外，其余 41 种均仅在此处迁徙停歇。据 2013 年 David S • Melville 的调查结果，鹤鹬、长嘴剑鸻和黑翅长脚鹬的种群数量均超过东亚－澳大利西亚迁飞区总数量的 1%，环颈鸻和灰头麦鸡的种群数量超过其迁徙数量 0.25%；按照拉姆萨尔公约的标准 6，卤阳湖湿地满足“具有国际重要性的湿地”的一个主要指标。卤阳湖湿地中雁鸭类分布有 25 种，除绿头鸭和斑嘴鸭的少量个体在此繁殖外，这里已经成为他们的迁徙停歇地或越冬地（不冰封湖区）。此外，自 2012 年以来，我们在此已发现陕西省新记录物种 9 种，其中水鸟有蒙古沙鸻、尖尾滨鹬、红颈瓣蹼鹬、阔嘴鹬、红腹滨鹬、半蹼鹬和白头硬尾鸭，非水鸟有紫翅椋鸟和中华攀雀。这也说明了卤阳湖湿地是一些迁徙鸟类在关中地区的迁徙停歇地、繁殖地或越冬地的一个重要组成部分。

一般迁徙鸟的北迁时间为 3~5 月，南迁时间为 9~11 月。卤阳湖湿地的迁徙水鸟中，北迁期鸻鹬类在 3 月下旬仅有少量的环颈鸻、反嘴鹬和黑翅长脚鹬迁入，4~5 月上旬为集中迁入或过境时期，南迁期迁入或过境最早出现在 7~8 月，可以见到弯嘴滨鹬、长趾滨鹬等，最晚为 11 月初，主要为凤头麦鸡，南迁期集中迁入或过境为 9~10 月初。在迁徙期种群数量较多的物种有黑翅长脚鹬、环颈鸻、林鹬、鹤鹬、凤头麦鸡、灰头麦鸡、普通燕鸻、青脚鹬、反嘴鹬、长嘴剑鸻、金眶鸻和长趾滨鹬等。雁鸭类集中迁入或过境为 3 月至 4 月初和 10~11 月，种群数量较多的物种有绿翅鸭、绿头鸭、斑嘴鸭、赤麻鸭和赤膀鸭等。白骨顶是卤阳湖种群数量最多的水鸟，南迁期种群数量最多时有 2200 余只。此外，非水鸟类中，种群数量较多或较常见的有云雀、田鹨、水鹨、黑卷尾和东方大苇莺等，其中，黑卷尾和东方大苇莺等在此地繁殖，一般在 4~5 月迁来，于 8~10 月迁离，云雀、田鹨和水鹨等在此越冬或部分短期停留后继续迁徙，一般在 10 月底至次年 3~4 月在卤阳湖可见。总之，在卤阳湖分布的迁徙鸟，因类群不同或同一类群种类不同，都有着各自的主要迁徙时间段。尤其是在东亚－澳大利西亚水鸟迁飞区上，卤阳湖湿地是一个新发现的对鸟类迁徙途中的食物补给和停歇具有全球重要性的地点。

五、鸟类身体部位示意图

图 1　身体特征示意图

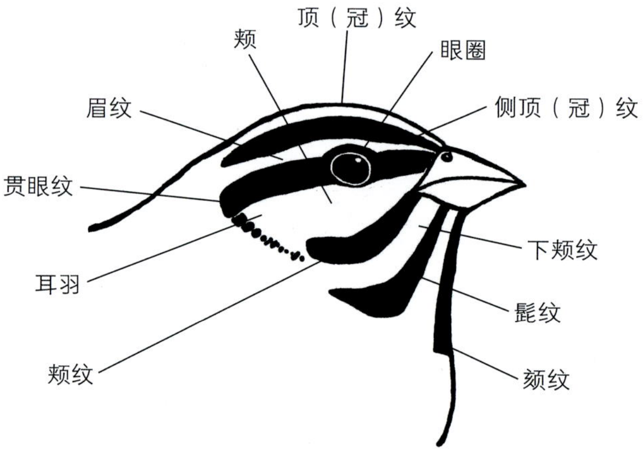

图 2　头部特征示意图

六、主要名词解释

冠羽：鸟类头顶上伸出的羽毛，长短不一。

耳羽簇：长在鸟类头顶的耳状羽簇。

蜡膜：包含上嘴基部和鼻孔的裸露的蜡状或肉质结构。

翼镜：雁鸭类翼上特别明显的具金属光泽的色斑。

翼指：鸟类飞翔时初级飞羽展开形成的似手指状的结构，常用来识别猛禽的种类。

翅窗：鸟类飞行时初级飞羽基部大块的浅色区域。

中央尾羽：居于中央的一对尾羽。

胁：鸟类体侧肋骨所在部位。

羽缘：鸟类羽毛的边缘。

第一年冬羽：鸟类出生后的第一个冬天身体所被的羽毛。

雌雄同型：成年的雌鸟和雄鸟具有相同或相似的外形。

幼鸟：鸟类破壳后生长出稚羽到稚后换羽之间的时期。

亚成鸟：幼鸟完成稚后换羽到更换为成羽之间的时期。此阶段其体型与成鸟相同但羽色不同或相似。

早成鸟：雏鸟出壳后绒羽浓密，眼已睁开，羽毛干后即可跟随亲鸟一同自主觅食和活动，这样的雏鸟即为早成鸟。

晚成鸟：雏鸟出壳后，绒羽很稀疏或没有，眼睛闭合，活动力弱，必须依赖亲鸟保温和饲喂才能存活，这样的雏鸟即为晚成鸟。

夜行性：主要在夜间活动。

昼行性：主要在白天活动。

留鸟：终年栖息于同一地区，不进行远距离迁徙的鸟。

夏候鸟：夏季在某一地区繁殖，秋季离开该地区飞往越冬地，第 2 年春季又返回这一地区繁殖的候鸟，就该地区而言，称夏候鸟。

冬候鸟：冬季在某一地区越冬，第 2 年春季飞往繁殖地，秋季又返回这一地区越冬的候鸟，就该地区而言，称冬候鸟。

旅鸟：候鸟迁徙时，途中经过某一地区，这些种类就该地区而言，称旅鸟。

迷鸟：因受气候等非人为因素影响，意外迷失方向来到其非正常分布地区的鸟。

游禽：通常生活在水上，善于游泳、潜水，适合在水中取食的鸟类，如雁鸭类、䴙䴘和潜鸟。

涉禽：通常在水边生活，嘴长、颈长、脚长，适合在浅水中涉水取食的鸟类，如鹭科、鹤科和鹬科的鸟类。

陆禽：后肢强健，善奔走，翼短圆，嘴较短而坚实，适合在地面取食的鸟类，如雉科和鸠鸽科鸟类。

猛禽：捕食性鸟类。嘴强壮而呈钩状，脚强健，趾端具锋利的爪，性情凶猛，如鹰形目、隼形目和鸮形目的鸟类。

攀禽：足趾发生多样特化，适合在树上攀爬的鸟类，如䴕形目、鹃形目和佛法僧目的鸟类。

鸣禽：善于鸣叫，巢精巧而复杂的鸟类。种类繁多，多数为雀形目鸟类，如柳莺科、噪鹛科和鹟科等的鸟类。

第二部分

鸟种分述

一、鸡形目 GALLIFORMES

（一）雉科 Phasianidae

1. 鹌鹑

雌鸟 / 关克 摄

英文名 Japanese Quail

学名 *Coturnix japonica*

主要特征 体长约 20cm。体形圆润，尾短。繁殖期雄鸟的颊部和喉部褐色，非繁殖期喉部白色，眉纹较长为乳白色，背部及两翼具褐色和黑色斑纹及皮黄色条纹，胸部皮黄色并具较多红褐色条纹，胁部为皮黄色及少量红褐色条纹，腹部皮黄色。雌鸟颊部和喉部为斑驳的棕灰色，眉纹较长为乳白色，背部及两翼具褐色和黑色斑纹及皮黄色条纹，胸部具深色斑纹，腹部皮黄色。虹膜深褐色，嘴灰色，脚棕褐色。

生活习性 栖息于平原或丘陵地区的旷野、河流、湖泊或沼泽的岸边，常在草地、灌丛和耕地中活动。繁殖期会组成一雄多雌的群体，其余时间结小群。主食为草本植物的果实和种子，也会吃一些昆虫等小型无脊椎动物。繁殖期为 5~7 月。以草茎、草根和草叶在浅的土坑营简单的地面巢。1 年繁殖 1 窝，每窝产卵 7~14 枚。孵化期约 17d。早成鸟。

分布 国内分布于除新疆、西藏以外的各省区。卤阳湖主要见于灌丛草地。

现状 春季 4~5 月和秋季 9~10 月迁徙期在卤阳湖可见，数量稀少。

居留型 旅鸟。

保护级别 是有重要生态、科学、社会价值的陆生野生动物。

雄鸟 非繁殖羽 / 廖小青 摄

2. 环颈雉

英文名 Common Pheasant

学名 *Phasianus colchicus*

主要特征 雄鸟体长约 85cm，雌鸟约 60cm。雄鸟头颈部黑色并有绿色光泽，眼周裸露皮肤鲜红色，颈部大多具白色圆环，体色大部分为棕色，背部有灰色斑点，体侧有黑色斑点，腰部和两翼有大片灰色，尾长，棕色并有黑色横纹；雌鸟体型略小，全身为浅褐色并密布深褐色斑纹。虹膜黄色，嘴呈黄色至深灰色，脚灰色。

生活习性 栖息于低海拔山地、丘陵和平原地区的灌丛、草地、农田等环境中。繁殖期常成对或组成一雄多雌的群体，其余时间多集群活动。取食各种植物的果实、种子、茎叶以及昆虫等动物性食物。繁殖期为 3~7 月。在草丛或灌丛中营简陋的地面巢。1 年繁殖 1~2 窝，每窝产卵 6~22 枚。孵化期约 21d。早成鸟。

分布 国内分布于除青藏高原中西部地区和海南岛之外的各地。卤阳湖见于草地、灌丛、树林及农田中。

现状 全年在卤阳湖可见，数量较少。

居留型 留鸟。

保护级别 是有重要生态、科学、社会价值的陆生野生动物。

雌鸟 / 陈永锡 摄

雄鸟 / 陈永锡 摄

雄鸟 / 胡光锋 摄

二、雁形目 ANSERIFORMES

（二）鸭科 Anatidae

3. 短嘴豆雁

高学斌 摄

英文名 Tundra Bean Goose

学名 *Anser serrirostris*

主要特征 体长约75cm。体色为麻褐色，头部、颈后、背部及胁部为棕褐色，前颈、胸腹部浅灰色，腰、臀及尾下覆羽白色。与豆雁相比颈与嘴较短、体型较小。虹膜褐色；嘴灰黑色，尖端为黑色，前部具橙黄色斑块；脚橘红色。

生活习性 栖息于开阔的草地、河流、湖泊等湿地环境。繁殖期成对活动，其余时间结大群活动。主要以植物的叶、芽、块茎等植物性食物和谷物为食。繁殖期为5~7月。用干草、羽毛和绒羽在湿地附近的草地做巢。1年繁殖1窝，每窝产卵5~8枚。孵化期为27~29d。早成鸟。

分布 国内分布于陕西、新疆、辽宁、北京、天津、河北、河南、山西、内蒙古、宁夏、甘肃、青海、浙江、福建、广东、海南和台湾。卤阳湖主要见于湖泊和周边的麦田。

现状 11月至次年2月在卤阳湖可见，数量较少。最大种群数量为28只，出现在2014年3月。

居留型 冬候鸟。

保护级别 陕西省重点保护野生动物。

高学斌 摄

4. 灰雁

高学斌 摄

英文名 Graylag Goose

学名 *Anser anser*

主要特征 体长约 80cm。体色为灰褐色，颈部具黑褐色条纹。胁部及背部为褐色，并具细的白色横纹，前胸及腹部灰色，臀及尾下覆羽白色。虹膜黑褐色，嘴和脚粉红色。

生活习性 栖息于草地、湖泊、沼泽、河流及水库等湿地环境。繁殖期成对活动，其余时间结大群活动。主要以各种水生和陆生植物的叶、根、茎、嫩芽、果实和种子等植物性食物和谷物为食。繁殖期为 4~6 月。用芦苇、干草和绒羽在近水的草丛或芦苇丛中做巢。1 年繁殖 1 窝，每窝产卵 4~8 枚。孵化期 27~29d。早成鸟。

分布 国内分布于各省区。卤阳湖主要见于湖泊。

现状 3~4 月和 10~12 月迁徙期在卤阳湖可见，数量稀少。最大种群数量为 5 只，出现在 2018 年 11 月。

居留型 旅鸟。

保护级别 为有重要生态、科学、社会价值的陆生野生动物。

高学斌 摄

5. 大天鹅

高学斌 摄

英文名 Whooper Swan

学名 *Cygnus cygnus*

主要特征 体长约 150cm。体色为白色，体型较大。与小天鹅相比体型大，嘴基部黄色区域大。虹膜褐色；嘴黑色，基部具大片黄色斑块；脚黑色。

生活习性 栖息于开阔的湖泊、河流、沼泽等水域湿地环境。繁殖期成对活动，其余时间结群活动。主要以水生植物的叶、茎、种子和根茎等植物性食物和谷物为食。繁殖期为 5~6 月。用干芦苇、干草、苔藓和绒羽在岸边草地或芦苇丛中做巢。1 年繁殖 1 窝，每窝产卵 4~7 枚。孵化期为 35~40d。早成鸟。

分布 国内分布于除福建、广东、海南、重庆、西藏、香港和澳门外的其他省区。卤阳湖主要见于湖泊。

现状 12 月在卤阳湖可见，数量稀少。最大种群数量为 4 只，出现在 2020 年 12 月。

居留型 旅鸟。

保护级别 国家 II 级重点保护野生动物。

亚成体 / 高学斌 摄

6. 翘鼻麻鸭

陈永锡 摄

英文名 Common Shelduck

学名 *Tadorna tadorna*

主要特征 体长约60cm。体色黑、白和栗色相间。头部及颈部黑绿色，胸部至上背具1条栗色环带，两翼飞羽黑色，下腹中部黑褐色，其他部位为白色。雄鸟繁殖期额部的红色瘤明显。虹膜褐色；雄鸟嘴鲜红色，基部具红色肉瘤，雌鸟嘴基部肉瘤小或无；脚粉红色。

生活习性 栖息于江河、湖泊、水塘、沼泽等湿地中。繁殖期成对活动，其余时间结群活动。主要以昆虫、软体动物、甲壳类、鱼类等动物性食物为食，也吃少量植物性食物。繁殖期为5~7月。用干草和绒羽在河岸和湖边沙丘或石壁的洞中做巢。1年繁殖1窝，每窝产卵7~12枚。孵化期为27~29d。早成鸟。

分布 国内分布于除海南外的其他省区。卤阳湖主要见于湖泊。

现状 8月至次年4月在卤阳湖可见，数量较少。最大种群数量为27只，出现在2016年4月。

居留型 旅鸟或冬候鸟。

保护级别 陕西省重点保护野生动物。

张小勇 摄

7. 赤麻鸭

高学斌 摄

英文名 Ruddy Shelduck

学名 *Tadorna ferruginea*

主要特征 体长约63cm。体色为橙栗色，头部皮黄色。雄鸟具1条窄的黑色颈环。飞行时白色的覆羽和铜绿色翼镜明显。虹膜暗褐色，嘴黑色，脚黑色。

生活习性 栖息于河流、湖泊、水库、沼泽等湿地中。繁殖期成对活动，其余时间结群活动。主要以昆虫、软体动物、甲壳类、鱼类等动物性食物，以及植物的嫩芽、种子、农作物幼苗等植物性食物及谷物为食。繁殖期为4~6月。以干草和绒羽在河岸土崖或石壁的洞中做巢。1年繁殖1窝，每窝产卵8~10枚。孵化期为27~30d。早成鸟。

分布 国内分布于除海南外的其他省区。卤阳湖主要见于湖泊和盐田。

现状 9月至次年4月在卤阳湖可见，数量较多。最大种群数量为233只，出现在2018年3月。

居留型 冬候鸟或旅鸟。

保护级别 陕西省重点保护野生动物。

高学斌 摄

8. 鸳鸯

雄鸟 / 高学斌 摄

英文名 Mandarin Duck

学名 *Aix galericulata*

主要特征 体长约 40cm。雄鸟羽色艳丽，眉纹为白色，头顶中央至前额为蓝绿色，头后部红棕色，颈侧金色，胸部为深褐色，胁部浅棕色，背部为金属蓝色，具特别的棕色帆状饰羽，腹部白色，嘴暗红色。雌鸟羽色暗淡，眼圈为白色，自眼向后至颈部有 1 条白色细纹，头部和颈部灰色，胸部、背部及体侧为棕色，且胸部和体侧具白斑，腹部白色，嘴灰褐色。虹膜褐色，脚橙黄色。

生活习性 栖息于河流、湖泊、芦苇沼泽等湿地中。繁殖期单独或成对活动，其余时间结群活动。主要以植物的茎、叶等植物性食物和谷物为食，也吃昆虫、鱼类等动物性食物。繁殖期为 4~5 月。以羽毛和绒羽在水边高大树木的树洞中做巢。1 年繁殖 1 窝，每窝产卵 7~12 枚。孵化期为 28~30d。早成鸟。

分布 国内分布于除西藏、青海外的其他省区。卤阳湖主要见于湖泊。

现状 4 月和 10 月的春秋迁徙期在卤阳湖可见，7 月偶见，数量稀少。最大种群数量为 4 只，出现在 2017 年 10 月。

居留型 旅鸟。

保护级别 国家 II 级重点保护野生动物。

前雌鸟后雄鸟 / 关克 摄

9. 赤膀鸭

英文名 Gadwall

学名 *Mareca strepera*

主要特征 体长约50cm。雄鸟体色为灰色且具虫蠹状细纹，头部灰棕色，两翼具白色翼镜，尾黑色，嘴黑色。雌鸟体色为灰褐色，具褐色斑纹，嘴呈深褐色，两侧为橘黄色。虹膜褐色，脚橘黄色。

生活习性 栖息于江河、沼泽及湖泊等湿地中。繁殖期成对活动，其余时间结群活动。主要以植物的种子、嫩芽和幼苗等植物性食物，以及昆虫和软体动物等动物性食物为食。繁殖期为5~7月。以干草和绒羽在岸边草丛中做巢。1年繁殖1窝，每窝产卵8~12枚。孵化期为26d。早成鸟。

分布 国内分布于各省区。卤阳湖主要见于湖泊。

现状 3~4月和9~12月在卤阳湖可见，数量多。最大种群数量为796只，出现在2014年10月。

居留型 旅鸟。

保护级别 有重要生态、科学、社会价值的陆生野生动物。

雌鸟 / 张小勇 摄

雄鸟 / 张小勇 摄

雄鸟 / 汪青雄 摄

雌鸟 / 汪青雄 摄

10. 罗纹鸭

英文名 Falcated Duck

学名 *Mareca falcata*

主要特征 体长约 48cm。雄鸟头顶为深栗色，前额基部具 1 个白色斑点，头侧及后颈为铜绿色，喉部及颈部白色，颈部具 1 条黑色环带，胸部、胁部和背部具鳞状斑，翼镜深绿色，尾下具皮黄色斑块；雌鸟体色为棕褐色，具褐色斑纹。虹膜褐色，嘴黑色，脚黑色。

生活习性 栖息于河流、湖泊、水库及沼泽等湿地中。繁殖期成对活动，其余时间结群活动。主要以水生植物的嫩芽、种子和幼苗等植物性食物为食，也吃甲壳类、昆虫和软体动物等动物性食物。繁殖期为 5~7 月。以干草和绒羽在湿地芦苇丛中做巢。1 年繁殖 1 窝，每窝产卵 6~10 枚。孵化期为 27~29d。早成鸟。

分布 国内分布于除甘肃、新疆外的其他省区。卤阳湖主要见于湖泊。

现状 4~5 月、10 月和 12 月迁徙期在卤阳湖可见，数量稀少。最大种群数量为 12 只，出现在 2020 年 12 月。

居留型 旅鸟。

保护级别 有重要生态、科学、社会价值的陆生野生动物。

雌鸟 / 张小勇 摄

雄鸟 / 张小勇 摄

雄鸟 / 张小勇 摄

11. 赤颈鸭

雌鸟 / 臧晓博 摄

英文名 Eurasian Wigon

学名 *Mareca penelope*

主要特征 体长约47cm。雄鸟头部及颈部栗色，头顶至前额为浅黄色，胸部浅棕色，腹部白色，背部、两翼和胁部具灰色蠹状纹，尾下覆羽黑色，翼镜绿色；雌鸟全身棕褐色，腹部白色，翼镜灰褐色。虹膜黑褐色；嘴亮蓝色，前端黑色；脚黑色。

生活习性 栖息于湖泊、水塘、河口及沼泽等湿地中。繁殖期成对活动，其余时间结群活动。主要以植物的种子、嫩芽和幼苗等植物性食物为食，也吃甲壳类、昆虫和软体动物等动物性食物。繁殖期为5~7月。以干草和绒羽在水边草丛中做巢。1年繁殖1窝，每窝产卵7~11枚。孵化期为22~25d。早成鸟。

分布 国内分布于各省区。卤阳湖主要见于湖泊。

现状 2~5月和10~11月的迁徙期在卤阳湖可见，7~8月偶见，数量较少。最大种群数量为33只，出现在2019年10月。

居留型 旅鸟。

保护级别 有重要生态、科学、社会价值的陆生野生动物。

雄鸟 / 张小勇 摄

12. 绿头鸭

英文名 Mallard

学名 *Anas platyrhynchos*

主要特征 体长约58cm。雄鸟头部及颈部金属绿色，具白色颈环，胸部红棕色，腹部灰白色，尾下覆羽黑色，嘴呈亮黄色且尖端黑色；雌鸟黄褐色且周身遍布褐色条纹，具深色贯眼纹，嘴灰褐色，边缘橘黄色。虹膜黑褐色，脚橘红色。

生活习性 栖息于河流、湖泊及沼泽等湿地环境。繁殖期成对活动，其余时间结群活动。主要以植物的种子、嫩芽和幼苗等植物性食物，以及昆虫、甲壳类和软体动物等动物性食物为食。繁殖期为4~6月。以绒羽和干草在水边草丛中做巢。1年繁殖1窝，每窝产卵7~11枚。孵化期为27~29d。早成鸟。

分布 国内分布于各省区。卤阳湖主要见于湖泊。

现状 全年在卤阳湖可见，数量多。少数个体在此繁殖。最大种群数量为534只，出现在2021年1月。

居留型 冬候鸟或留鸟。

保护级别 陕西省重点保护野生动物。

雌鸟 / 高学斌 摄

前雌后雄 / 高学斌 摄

雄鸟 / 张小勇 摄

13. 斑嘴鸭

英文名 Eastern Spot-billed Duck

学名 *Anas zonorhyncha*

主要特征 体长约 58cm。体色为深褐色。头部色浅，头顶及眉纹为黑色，颈部和胸腹部具褐色斑纹，翼后缘具 1 处白色条带，翼镜金属蓝色。虹膜黑褐色；嘴黑色，前端黄色；脚橘红色。

生活习性 栖息于河流、湖泊、水塘及沼泽等湿地中。繁殖期成对活动，其余时间结群活动。主要以植物的种子、嫩芽和幼苗等植物性食物，以及昆虫、软体动物等动物性食物为食。繁殖期 5~7 月。以干草和绒羽在岸边草丛中做巢。1 年繁殖 1 窝，每窝产卵 8~14 枚。孵化期 24d。早成鸟。

分布 国内分布于各省区。卤阳湖主要见于湖泊和芦苇丛。

现状 全年在卤阳湖可见，数量多。少数个体在此繁殖，近几年来数量处于上升趋势。最大种群数量为 545 只，出现在 2020 年 9 月。

居留型 冬候鸟或留鸟。

保护级别 陕西省重点保护野生动物。

14. 针尾鸭

英文名 Northern Pintail

学名 *Anas acuta*

主要特征 体长约 57cm。雄鸟头部及后颈棕色，前颈、胸部及腹部呈白色并向上延伸至颈后，肩部具 1 处黑色斑块，上背及胁部具灰色蠹状纹，尾黑色且长而尖，尾下覆羽黑色，翼镜绿色，嘴蓝灰色；雌鸟体色为灰褐色，全身遍布鳞状斑，尾部尖，翼镜褐色，嘴黑色。虹膜黑褐色，脚黑色。

生活习性 栖息于湖泊、河流及沼泽等湿地环境。繁殖期成对活动，其余时间结小群活动。主要以植物的种子、嫩芽和幼苗等植物性食物为食，也吃昆虫、软体动物和甲壳类等动物性食物。繁殖期为 4~7 月。以干草和绒羽在岸边草丛中做巢。1 年繁殖 1 窝，每窝产卵 6~11 枚。孵化期为 21~23d。早成鸟。

分布 国内分布于各省区。卤阳湖主要见于湖泊。

现状 2~4 月和 10~11 月迁徙期在卤阳湖可见，数量较少。最大种群数量为 45 只，出现在 2019 年 11 月。

居留型 旅鸟。

保护级别 有重要生态、科学、社会价值的陆生野生动物。

雌鸟 / 臧晓博 摄

雌鸟 / 高学斌 摄

雄鸟 / 张小勇 摄

15. 绿翅鸭

英文名 Green-winged Teal

学名 *Anas crecca*

雌鸟 / 杨亚桥 摄

主要特征 体长约 37cm。雄鸟头部及颈部深栗色，具宽的金属绿色贯眼纹，肩部具 1 条白色细纹，胁部具灰色蠹状纹，腹部白色，尾下具皮黄色斑块；雌鸟体色为褐色，腹部浅棕色。翼镜绿色。虹膜褐色，嘴黑色，脚黄色。

生活习性 栖息于水塘、河流、湖泊及沼泽等湿地中。繁殖期成对活动，其余时间结群活动。主要以植物的种子、嫩叶和幼苗等植物性食物为食，也吃甲壳类、昆虫和软体动物等动物性食物。繁殖期为 5~7 月。以干草和绒羽在湿地附近芦苇丛中做巢。1 年繁殖 1 窝，每窝产卵 8~11 枚。孵化期为 21~23d。早成鸟。

分布 国内分布于各省区。卤阳湖主要见于湖泊和积水较深的盐田。

现状 8 月至次年 5 月在卤阳湖可见，数量多。最大种群数量为 1329 只，出现在 2017 年 11 月。

居留型 旅鸟或冬候鸟。

保护级别 有重要生态、科学、社会价值的陆生野生动物。

雄鸟 / 王实 摄

16. 琵嘴鸭

英文名 Northern Shovelerl

学名 *Spatula clypeata*

主要特征 体长约 50cm。雄鸟头部及上颈暗绿色，胸部白色，胁部和腹部栗色，背部及尾部黑色并具白色羽缘，翼镜金属绿色，嘴宽大且长，呈铲状，呈黑色；雌鸟体色为麻色，具褐色斑纹，贯眼纹色深，嘴褐黄色。虹膜雄鸟黄色，雌鸟褐色；脚橘红色。

雌鸟 / 臧晓博 摄

生活习性 栖息于河流、湖泊、水塘和沼泽等水域环境中。繁殖期成对活动，其余时间结群活动。主要以软体动物、甲壳类、水生昆虫和鱼类等动物性食物为食，也吃水藻、草籽等植物性食物。繁殖期为 4~6 月。以干草和绒羽在水边草丛中做巢。1 年繁殖 1 窝，每窝产卵 7~13 枚。孵化期为 22~25d。早成鸟。

分布 国内分布于各省区。卤阳湖主要见于湖泊。

现状 2~4 月和 9~11 月迁徙期在卤阳湖可见，数量较少。最大种群数量为 23 只，出现在 2014 年 11 月。

居留型 旅鸟。

保护级别 有重要生态、科学、社会价值的陆生野生动物。

雄鸟 / 高学斌 摄

17. 白眉鸭

英文名 Garganey

学名 *Spatula querquedula*

主要特征 体长约38cm。雄鸟头顶黑褐色，宽而长的白色眉纹明显，颈部、胸部及上腹部具褐色斑驳，肋部灰白色并具蠹状纹，背部灰蓝色，臀部及尾部黑褐色；雌鸟体色为灰褐色，眉纹白色，嘴基部具1个白色斑点，翼镜深绿色。虹膜褐色，嘴黑色，脚灰黑色。

生活习性 栖息于湖泊、河流和沼泽等湿地中。繁殖期成对活动，其余时间结小群活动。主要以植物的种子、嫩芽和幼苗等植物性食物为食，也吃甲壳类和软体动物等动物性食物。繁殖期为5~7月。以干草和绒羽在水边芦苇丛中做巢。1年繁殖1窝，每窝产卵8~12枚。孵化期为21~24d。早成鸟。

分布 国内分布于各省区。卤阳湖主要见于湖泊。

现状 4~5月和10~11月迁徙期在卤阳湖可见，数量稀少。最大种群数量为5只，出现在2016年4月。

居留型 旅鸟。

保护级别 有重要生态、科学、社会价值的陆生野生动物。

雄鸟 / 李明璞 摄

左雄右雌 / 林清贤 摄

左雄右雌 / 薛琳 摄

18. 花脸鸭

英文名 Baikal Teal

学名 *Sibirionetta formosa*

雌鸟 / 薛琳 摄

主要特征 体长约 40cm。雄鸟头顶深棕色，脸前半部为皮黄色，眼周黑色向下的细纹延伸至颏部，后半部墨绿色，背部与胁部具灰蓝色，胸部为红棕色，且具深褐色斑点，胸侧具 1 条白色纵带，腹部白色，尾下覆羽黑色；雌鸟体色为黑褐色，喉部白色，腹部白色，嘴基部具 1 个白色圆斑。虹膜褐色，嘴黑色，脚灰黑色。

生活习性 栖息于水塘、河流、湖泊及沼泽等湿地环境。繁殖期成对活动，其余时间结群活动。主要以植物的种子、嫩叶和幼苗等植物性食物为食，也吃甲壳类、昆虫和软体动物等动物性食物。繁殖期为 6~7 月。以干草和绒羽在水边草丛中做巢。1 年繁殖 1 窝，每窝产卵 6~10 枚。孵化期为 23~25d。早成鸟。

分布 国内分布于除甘肃、新疆、西藏外的其他省区。卤阳湖主要见于湖泊。

现状 11~12 月迁徙期在卤阳湖可见，数量稀少。最大种群数量为 12 只，出现在 2017 年 11 月。

居留型 旅鸟。

保护级别 国家 II 级重点保护野生动物。

雄鸟 / 张小勇 摄

19. 赤嘴潜鸭

英文名 Red-crested Pochard

学名 *Netta rufina*

主要特征 体长约55cm。雄鸟头顶及后侧金色，脸部及颈侧锈色，颈后缘、胸部及尾部黑色，肩部及胁部白色，背部棕色，嘴红色；雌鸟体色为灰褐色，头顶深色，眼下部、喉部及前颈侧白色，嘴黑色，尖端红色或橘黄色。虹膜雄鸟红色，雌鸟黑色；脚橘黄色。

生活习性 栖息于河流、湖泊、水库和沼泽等湿地环境。繁殖期成对活动，其余时间结群活动。主要以植物的茎、叶和芽等植物性食物为食，也吃甲壳类、软体动物和水生昆虫等动物性食物。繁殖期为4~6月。以干草和绒羽在水边芦苇丛中做巢。1年繁殖1窝，每窝产卵6~12枚。孵化期为26~28d。早成鸟。

分布 国内分布于北京、山东、河南、陕西、内蒙古、宁夏、甘肃、新疆、西藏、青海、云南、四川、重庆、贵州、湖北、安徽、福建、广西和台湾。卤阳湖主要见于湖泊。

现状 10月至次年2月在卤阳湖偶见，数量稀少。最大种群数量为3只，出现在2020年1月。

居留型 旅鸟或冬候鸟。

保护级别 陕西省重点保护野生动物。

雌鸟 / 夏川广 摄

雄鸟 / 臧晓博 摄

雄鸟 / 臧晓博 摄

20. 红头潜鸭

雌鸟 / 高学斌 摄

英文名 Common Pochard

学名 *Aythya ferina*

主要特征 体长约 46cm。雄鸟头部栗红色，胸部黑色，背部及腹部灰白色，尾黑色，嘴蓝灰色且端部黑色；雌鸟头部及胸部暗褐色，背部及腹部灰色，尾部褐色，嘴基部色浅。虹膜雄鸟红色，雌鸟灰褐色；脚黑色。

生活习性 栖息于湖泊、河流和沼泽等湿地中。繁殖期成对活动，其余时间结群活动。主要以水生昆虫、甲壳类、软体动物和鱼类等动物性食物为食，也吃植物的茎、叶和芽等植物性食物。繁殖期为 4~6 月。以干草和绒羽在水边草丛中做巢。1 年繁殖 1 窝，每窝产卵 6~9 枚。孵化期为 24~26d。早成鸟。

分布 国内分布于除海南外的其他省区。卤阳湖主要见于湖泊。

现状 9 月至次年 5 月在卤阳湖可见，数量较多。自 2017 年起开始有分布，种群数量处于上升趋势。最大种群数量为 282 只，出现在 2020 年 11 月。

居留型 旅鸟或冬候鸟。

保护级别 有重要生态、科学、社会价值的陆生野生动物。

雄鸟 / 王实 摄

21. 白眼潜鸭

英文名 Ferruginous Duck

学名 *Aythya nyroca*

主要特征 体长约 41cm。雄鸟体色为深栗色，但背部色深，腹部及尾下覆羽白色，虹膜白色；雌鸟体色为栗色，较雄鸟暗淡，虹膜褐色。嘴和脚黑色。

生活习性 栖息于湖泊、池塘和沼泽等湿地环境中。繁殖期成对活动，其余时间结群活动。主要以水生昆虫、甲壳类、软体动物和鱼类等动物性食物为食，也吃植物茎、叶和芽等植物性食物。繁殖期为 4~6 月。以干草和绒羽在水边草丛中做巢。1 年繁殖 1 窝，每窝产卵 7~11 枚。孵化期为 25~28d。早成鸟。

雄鸟 / 张小勇　摄

分布 国内分布于除辽宁、安徽、海南和澳门外的其他省区。卤阳湖主要见于湖泊。

现状 除 5 月外其他月份均可在卤阳湖见到，数量较少。过百只的种群仅记录到 2 次。最大种群数量为 140 只，出现在 2018 年 10 月。夏季偶见，未见其繁殖。

居留型 旅鸟或冬候鸟。

保护级别 有重要生态、科学、社会价值的陆生野生动物。

雌鸟 / 宋泽远　摄

雄鸟 / 宋泽远　摄

22. 凤头潜鸭

雌鸟 / 臧晓博 摄

英文名 Tufted Duck

学名 *Aythya fuligula*

主要特征 体长约 42cm。雄鸟体色为黑色，头顶具羽冠，腹部及胁部白色；雌鸟体色为黑褐色，羽冠较短。虹膜黄色；嘴灰蓝色，尖端黑色；脚黑色。

生活习性 栖息于河流、湖泊、水塘和沼泽等湿地中。繁殖期成对活动，其余时间结小群活动。主要以软体动物、甲壳类和鱼类等动物性食物为食，也吃植物茎、叶和嫩芽等植物性食物。繁殖期为 5~7 月。以干草和绒羽在水边芦苇丛中做巢。1 年繁殖 1 窝，每窝产卵 6~13 枚。孵化期为 23~25d。早成鸟。

分布 国内分布于各省区。卤阳湖主要见于湖泊。

现状 主要于 3 月和 10~12 月的迁徙期在卤阳湖可见，5 月和 8 月偶见，数量较少。最大种群数量为 32 只，出现在 2015 年 11 月。

居留型 旅鸟。

保护级别 有重要生态、科学、社会价值的陆生野生动物。

雄鸟 / 张小勇 摄

23. 斑脸海番鸭

雌鸟 / 李韬 摄

英文名 Velvet Scoter

学名 *Melanitta fusca*

主要特征 体长约 54cm。雄鸟体色为黑色，眼部具 1 个白色月牙状斑，翼后缘具 1 处白色条带，嘴橘红色，基部具黑色肉瘤，虹膜白色；雌鸟体色为暗褐色，眼后和嘴基部各具 1 个椭圆白色斑块，嘴黑色，虹膜黑色，脚橘红色。

生活习性 栖息于内陆河流、湖泊，越冬于沿海海域。繁殖期成对活动，其余时间结小群活动。主要以昆虫、鱼虾类、甲壳类和软体动物等动物性食物为食，也吃水生植物嫩叶和幼苗等植物性食物。繁殖期为 5~7 月。以干草和绒羽在水边草丛中做巢。1 年繁殖 1 窝，每窝产卵 6~10 枚。孵化期为 26~29d。早成鸟。

分布 国内分布于除甘肃、青海、贵州、安徽、广东、云南、海南、重庆、广西、西藏、宁夏、澳门和台湾外的其他省区。卤阳湖主要见于湖泊。

现状 较为罕见。仅 2019 年 10 月在卤阳湖记录到 1 只。

居留型 迷鸟。

保护级别 有重要生态、科学、社会价值的陆生野生动物。

雄鸟 / 李 韬 摄

24. 鹊鸭

英文名 Common Goldeneye

学名 *Bucephala clangula*

雄鸟 / 高学斌 摄

主要特征 体长约46cm。雄鸟头部墨绿色，颈部、胸部、腹部及胁部白色，背部黑色，嘴黑色，基部具1个大的白色斑点；雌鸟头部为栗色，下颈的背侧栗色，余部白色，腹部白色，背部、胸部和两胁灰褐色，嘴黑色且端部黄色。虹膜金黄色，脚橘黄色。

生活习性 栖息于河流、湖泊、芦苇沼泽等湿地中。繁殖期单独或成对活动，其余时间结小群活动。主要以软体动物、鱼类和甲壳类等动物性食物为食。繁殖期为5~7月。以羽毛和绒羽在水边高大树木的树洞中做巢。1年繁殖1窝，每窝产卵8~12枚。孵化期为30d。早成鸟。

分布 国内分布于除海南外的其他省区。卤阳湖主要见于湖泊。

现状 3月和12月在卤阳湖偶见，数量稀少。最大种群数量为8只，出现在2019年3月。

居留型 旅鸟。

保护级别 有重要生态、科学、社会价值的陆生野生动物。

雄鸟 / 张小勇 摄

雄鸟 / 张小勇 摄

前雌后雄 / 臧晓博 摄

25. 斑头秋沙鸭

雄鸟 / 张小勇 摄

英文名 Smew

学名 *Mergellus albellus*

主要特征 体长约 40cm。雄鸟体色黑白相间，眼罩、枕部和上背黑色，具明显的白色羽冠，胸部、肩部和体侧各具 1 处黑色细条纹，胁部具灰色蠹状纹；雌鸟体色为栗褐色，头部及后颈栗色，颏部、前颈及腹部白色，背部灰黑色，下体灰色。虹膜暗褐色；嘴铅灰色，前端具钩；脚灰色。

生活习性 栖息于河流、湖泊、水库和沼泽等湿地环境。繁殖期单独或成对活动，其余时间结小群活动。主要以昆虫、甲壳类和鱼类等动物性食物为食。繁殖期为 5~7 月。以干草和绒羽在水边高大树木的树洞中做巢。1 年繁殖 1 窝，每窝产卵 6~10 枚。孵化期为 28d。早成鸟。

分布 国内分布于除海南外的其他省区。卤阳湖主要见于湖泊。

现状 12 月至次年 2 月在卤阳湖可见，数量较少。最大种群数量为 20 只，出现在 2020 年 12 月。

居留型 旅鸟或冬候鸟。

保护级别 国家 II 级重点保护野生动物。

左雄右雌 / 夏川广 摄

26. 普通秋沙鸭

英文名 Common Merganser

学名 *Mergus merganser*

主要特征 体长约 63cm。雄鸟头部、上颈及背部黑绿色，其余部分为白色；雌鸟头部及上颈棕褐色，下颏白色，胸部灰白色，背部深灰色，腹部白色。虹膜暗褐色；嘴红色，端部具明显的黑色钩；脚红色。

生活习性 栖息于河流、湖泊、芦苇沼泽等湿地中。繁殖期单独或成对活动，其余时间结群活动。主要以甲壳类、鱼类和软体动物等动物性食物为食。繁殖期为 5~7 月。以羽毛和绒羽在水边高大树木的树洞中做巢。1 年繁殖 1 窝，每窝产卵 8~13 枚。孵化期为 32~35d。早成鸟。

分布 国内分布于除香港和海南外的其他省区。卤阳湖主要见于湖泊。

现状 12 月至次年 2 月和 4 月在卤阳湖可见，数量较少。最大种群数量为 57 只，出现在 2020 年 12 月。

居留型 旅鸟或冬候鸟。

保护级别 有重要生态、科学、社会价值的陆生野生动物。

雌鸟 / 张小勇　摄

雌鸟 / 高学斌　摄

雄鸟 / 张小勇　摄

27. 白头硬尾鸭

英文名 White-headed Duck

学名 *Oxyura leucocephala*

雌鸟 / 李广武　摄

主要特征 体长约 45cm。雄鸟头部白色，头顶、颈部为黑色，其余体色为栗褐色，嘴基部膨大，呈蓝色；雌鸟体色为暗褐色，头部及后颈为黑褐色，颊部具 1 条细的白色横纹与白色的上颈相连，嘴黑色。雌雄尾均黑褐色，硬且长。亚成鸟似雌鸟。虹膜黄色，脚黑色。

生活习性 栖息于河流、湖泊、水塘等湿地环境中。繁殖期成对活动，其余时间结群活动。主要以鱼类、甲壳类和软体动物等动物性食物为食，也吃植物的芽、叶和幼苗等植物性食物。繁殖期为 5~7 月。以干草、枯枝和绒羽在水边草丛中做巢。1 年繁殖 1 窝，每窝产卵 6~10 枚。孵化期为 25d。早成鸟。

分布 国内分布于内蒙古、新疆、湖北、天津和陕西。卤阳湖见于湖泊。

现状 极为罕见。仅 2018 年 11 月在卤阳湖观测到 2 只，为陕西省鸟类新记录。

居留型 暂定迷鸟。

保护级别 国家 I 级重点保护野生动物。

雄鸟 / 廖小凤　摄

三、䴙䴘目 PODICIPEDIFORMES

（三）䴙䴘科 Podicipedidae

28. 小䴙䴘

非繁殖羽 / 高学斌　摄

英文名　Little Grebe

学名　*Tachybaptus ruficollis*

主要特征　体长约 27cm。繁殖期脸颊、喉部和前颈栗色，头顶及后颈深灰色，背部褐色，胸腹部灰色。非繁殖期后颈及背部棕褐色，脸颊、喉部、前颈及胸腹部米黄色。幼鸟羽色似成鸟非繁殖羽，但脸颊、喉部及颈侧为黑色、白色和棕色相间。嘴繁殖期为黑色，基部具显著亮黄斑，非繁殖期嘴浅黄色，上喙端部色深。虹膜黄色，脚蓝灰色。

生活习性　栖息于静止或流速缓慢的水域中。繁殖期成对活动，其余时间结群活动。潜水捕捉小型鱼类为食，也吃一些无脊椎动物。繁殖期为 5~7 月。以水草在芦苇或其他水生植物中间做圆形台状浮巢。1 年繁殖 1~2 窝，每窝产卵 4~7 枚。孵化期为 19~24d。早成鸟。

繁殖羽 / 高学斌　摄

分布　国内分布于各省区。卤阳湖见于湖泊及盐田边的水渠中。

现状　全年在卤阳湖可见，数量多。因湖泊面积增加，种群数量逐年上升。最大种群数量为 515 只，出现在 2017 年 9 月。

居留型　留鸟。

保护级别　有重要生态、科学、社会价值的陆生野生动物。

繁殖羽 / 高学斌　摄

29. 凤头䴙䴘

英文名 Great Crested Grebe

学名 *Podiceps cristatus*

主要特征 体长约 50cm。头顶黑色，眼先至嘴基部有黑线相连，脸颊、前颈及胸腹部白色。繁殖期具明显的黑色冠羽，从耳后至喉部具棕褐色扇形饰羽，背部深褐色，胁部棕色。非繁殖期头部无冠羽及扇形饰羽，背部灰黑色，胁部灰白色。幼鸟似非繁殖期成鸟，但头及颈部为黑色和白色相间。虹膜红褐色；嘴长而直，淡红棕色至深色；脚深灰色。

生活习性 栖息于静止或流速缓慢的水域中。繁殖期成对活动，其余时间结小群活动。潜水捕捉小型鱼类为食，也吃一些无脊椎动物。繁殖期为 5~7 月。一般营巢于芦苇丛中，以水草营圆形台状浮巢。1 年繁殖 1~2 窝，每窝产卵 4~5 枚。孵化期为 23~26d。早成鸟。

分布 国内分布于除海南岛之外各地。卤阳湖见于湖泊中。

现状 全年在卤阳湖均可见到，数量较少。过百只的种群仅在 2019 年 9 月记录到 1 次，数量为 126 只。因湖泊面积增加，种群数量逐年上升，少部分个体开始在卤阳湖繁殖。

居留型 旅鸟或留鸟。

保护级别 有重要生态、科学、社会价值的陆生野生动物。

繁殖羽 / 高学斌 摄

换羽期 / 高学斌 摄

非繁殖羽 / 张小勇 摄

30. 黑颈䴙䴘

英文名 Black-necked Grebe

学名 *Podiceps nigricollis*

主要特征 体长约30cm。繁殖期眼后具扇形黄色羽毛，其余头部、喉部、颈部及背部黑色，胁部棕色，腹部白色。非繁殖期头顶、枕部、后颈及背部灰黑色，颏部经颊部和喉部至颈上部白色，前颈及胁部灰黑色，胸腹部灰白色。幼鸟似非繁殖期成鸟，但褐色重，胸部具暗灰色条带。虹膜红色，嘴黑色，脚深灰色。

生活习性 栖息于静止或流速缓慢的水域中。繁殖期成对活动，其余时间结群活动。潜水捕捉小型鱼类为食，也吃一些无脊椎动物。繁殖期为5~8月。以水草在芦苇丛中做圆形台状浮巢。1年繁殖1窝，每窝产卵4~6枚。孵化期约为21d。早成鸟。

分布 国内分布于除海南之外各地。卤阳湖见于湖泊中。

现状 3~4月和7~11月的迁徙期在卤阳湖可见，6月偶见，数量较少。最大种群数量为44只，出现在2018年11月。

居留型 旅鸟。

保护级别 国家II级重点保护野生动物。

繁殖羽 / 臧晓博 摄

非繁殖羽 / 高学斌 摄

非繁殖羽 / 高学斌 摄

四、鸽形目 COLUMBIFORMES

（四）鸠鸽科 Columbidae

31. 岩鸽

陈永锡 摄

英文名 Hill Pigeon

学名 *Columba rupestris*

主要特征 体长约31cm。体色整体为灰色，头、颈和胸部的灰色较深，颈部具紫绿色金属光泽，翼具两道黑色条纹，飞羽末端黑色，腰部白色，尾黑色，近末端具1条白色横纹。虹膜浅褐色；嘴黑色，上嘴基部突起的蜡膜为灰色；脚红色。

生活习性 栖息于岩石和峭壁处，并在山谷和平原地区觅食。繁殖期成对活动，其余时间集小群活动。主要以各类种子、果实、谷物等植物性食物为食。繁殖期为4~7月。在岩石或峭壁的缝隙中或者较高的建筑上，以小树枝、干草和羽毛做盘状巢。1年繁殖1~3窝，每窝产卵2枚。孵化期为18d。晚成鸟。

分布 国内分布于长江以北的大部分地区及西南山地地区。卤阳湖仅见于天骄湖大门及其附近的建筑物上。

现状 在卤阳湖东区全年可见，数量较少。种群数量20余只。

居留型 留鸟。

保护级别 有重要生态、科学、社会价值的陆生野生动物。

高学斌 摄

32. 山斑鸠

高学斌 摄

英文名 Oriental Turtle Dove

学名 *Streptopelia orientalis*

主要特征 体长约 32cm。头、颈及胸部蓝灰色，并稍带红棕色，颈侧后部具显著的白底黑纹斑块，腹部浅红棕色，背部蓝灰色，两翼羽毛黑色并具红棕色羽缘，尾羽黑色，末端边缘为灰色。虹膜橘黄色，嘴深灰色，脚粉红色。

生活习性 栖息于低海拔的山地、丘陵和平原地区的林地中。繁殖期成对活动，其余时间集小群活动。主要食物是植物的果实、种子、嫩芽等，也吃一些昆虫等无脊椎动物。繁殖期为 4~7 月。以小树枝、干草和羽毛在树木的枝杈上做盘状巢。1 年繁殖 2 窝，每窝产卵 2 枚。孵化期为 18~19d。晚成鸟。

分布 国内分布于各省区。卤阳湖见于湖泊和盐田以外各处。

现状 全年在卤阳湖可见，数量较少。

居留型 留鸟。

保护级别 有重要生态、科学、社会价值的陆生野生动物。

高学斌 摄

陈永锡 摄

33. 灰斑鸠

英文名 Eurasian Collared Dove

学名 *Streptopelia decaocto*

主要特征 体长约 32cm。体色灰色并略带红棕色，两翼覆羽及尾羽偏褐色，飞羽近黑色，颈侧后部有 1 条明显的黑色横纹，横纹边缘白色。虹膜红褐色，嘴灰黑色，脚粉红色。

生活习性 栖息于低海拔的山地、丘陵和平原地区的林地中。繁殖期成对活动，其余时间集小群活动。主要食物为植物的果实、种子等，也吃一些昆虫等无脊椎动物。繁殖期为 4~8 月。营巢于乔木或灌丛的枝杈上，用小枯枝搭成简易的盘状巢。1 年繁殖 1~2 窝，每窝产卵 2 枚。孵化期为 14~16d。晚成鸟。

分布 国内主要分布于长江以北各省区及长江以南的云南、湖北、安徽、福建、广东、江西、澳门。卤阳湖见于湖泊和盐田以外各处。

现状 全年在卤阳湖可见，数量稀少。

居留型 留鸟。

保护级别 有重要生态、科学、社会价值的陆生野生动物。

高学斌 摄

34. 火斑鸠

英文名 Red Turtle Dove

学名 *Streptopelia tranquebarica*

主要特征 体长约23cm。雄鸟头部蓝灰色，颈侧后部具显著的黑色横纹，横纹以下颈部、胸腹部、两翼覆羽红褐色，飞羽及尾羽近黑色，腰部蓝灰色；雌鸟体色呈暗灰褐色，少红棕色。虹膜深褐色，嘴灰色，脚暗红色至暗灰色。

生活习性 栖息于平原地区的林地中。繁殖期成对活动，其余时间集小群活动。主要食物是植物的果实、种子、嫩芽等，也吃一些昆虫等无脊椎动物。繁殖期为5~7月。营巢于树木的枝杈上，以小树枝、干草和羽毛营盘状巢。1年繁殖1~2窝，每窝产卵2枚。孵化期约为12d。晚成鸟。

分布 国内分布于除新疆以外的各省区。卤阳湖见于湖泊和盐田以外各处。

现状 全年在卤阳湖可见，数量稀少。

居留型 留鸟。

保护级别 有重要生态、科学、社会价值的陆生野生动物。

雄鸟 / 臧晓博 摄

左雌右雄 / 高学斌 摄

雌鸟 / 臧晓博 摄

35. 珠颈斑鸠

英文名 Spotted Dove

学名 *Streptopelia chinensis*

主要特征 体长约 30cm。头部蓝灰色，颈部、胸腹部淡红棕色，颈侧后部具显著的黑底白点斑块，尾羽、两翼及背部羽毛深褐色，外侧尾羽末端白色。虹膜橘黄色，嘴黑色，脚红色。

生活习性 栖息于低海拔的山地、丘陵和平原地区的林地中。繁殖期成对活动，其余时间集小群活动。主要食物是植物的果实、种子、嫩芽等，也吃一些昆虫等无脊椎动物。繁殖期为 3~7 月。营巢于树木的枝杈上，用小的枯枝搭成简易的盘状巢。1 年繁殖 1~2 窝，每窝产卵 2 枚。孵化期为 18d。晚成鸟。

分布 国内分布于除新疆、西藏、青海以及东北以外的各省区。卤阳湖见于湖泊和盐田以外各处。

现状 全年在卤阳湖可见，数量较少。

居留型 留鸟。

保护级别 有重要生态、科学、社会价值的陆生野生动物。

高学斌 摄

陈永锡 摄

高学斌 摄

五、夜鹰目 CAPRIMULGIFORMES

（五）雨燕科 Apodidae

36. 普通雨燕

臧晓博 摄

英文名 Common Swift

学名 *Apus apus*

主要特征 体长约 21cm。体形似纺锤形，两翼极长而尖。全身大部呈深灰黑色，喉部白色。虹膜褐色，嘴和脚黑色。

生活习性 栖息于宫殿、庙宇等各类古建筑附近。通常集群活动。主要食物是飞行的各种昆虫。繁殖期 6~7 月。营巢于古建筑的屋顶横梁、卯榫结构的缝隙等处以及岩壁洞穴中，为碟状巢，以干草、纤维和排泄物混合而成，内垫有羽毛。1 年繁殖 1 窝，每窝产卵 2~4 枚。孵化期为 21~23d。晚成鸟。

分布 国内分布于北方各省区及西藏、四川等地。卤阳湖偶见于天骄湖湖心岛的楼阁附近。

现状 4~5 月和 8~9 月在卤阳湖偶见，数量较多。

居留型 旅鸟。

保护级别 有重要生态、科学、社会价值的陆生野生动物。

林清贤 摄

37. 白腰雨燕

英文名 Fork-tailed Swift

学名 *Apus pacificus*

主要特征 体长约 18cm。体形似纺锤形，两翼极修长而尖，尾呈较深的叉形。体色大部为深黑褐色，喉部白色，腰部有 1 条明显的白色横纹。虹膜褐色，嘴黑色，脚黑紫色。

生活习性 栖息于水体附近的陡坡、岩壁、悬崖周围。通常集群活动。主要食物是飞行的各种昆虫。繁殖期为 5~7 月。营巢于崖壁的缝隙中，巢为杯状或碟状，以干草、树皮、苔藓、羽毛以及唾液附于岩壁上。1 年繁殖 1 窝，每窝产卵 2~3 枚。孵化期为 20~23d。晚成鸟。

分布 国内分布于除青藏高原部分地区外的各地。卤阳湖仅在空中偶见。

现状 4~5 月和 8~9 月在卤阳湖偶见，数量较少。

居留型 旅鸟。

保护级别 有重要生态、科学、社会价值的陆生野生动物。

林清贤 摄

六、鹃形目 CUCULIFORMES

（六）杜鹃科 Cuculidae

38. 噪鹃

英文名 Common Koel

学名 *Eudynamys scolopaceus*

主要特征 体长约 42cm。雄鸟全身黑色并泛有蓝色光泽；雌鸟灰褐色并密布白色斑点。虹膜红色，嘴灰绿色，脚蓝灰色。

生活习性 栖息于山地、丘陵和平原地区的树林中。通常单独或成对活动。主要食物是植物的果实和种子，也吃昆虫等无脊椎动物。繁殖期为 3~8 月。不营巢、孵卵和育雏，产卵于鸦科等鸟类的巢中。晚成鸟。

分布 国内分布于华北及黄河以南各地，青藏高原的西、南、东部也有分布。偶见停歇于卤阳湖和周边村落的大树上。

现状 5~7 月在卤阳湖可见，数量稀少。

居留型 夏候鸟。

保护级别 有重要生态、科学、社会价值的陆生野生动物。

雌鸟 / 杨亚桥 摄

雌鸟 / 廖小青 摄

雄鸟 / 廖小青 摄

39. 四声杜鹃

英文名 Indian Cuckoo

学名 *Cuculus micropterus*

主要特征 体长约30cm。体色主要为灰色，头颈部浅灰色，背部、两翼、腰部为深灰色。胸腹部白色，并具有较宽的深色横纹；尾羽背面为深灰色，末端边缘为白色，次末端为较宽的黑色横斑，两侧具白色纹；腹面为深灰色并具白斑。雌鸟灰色中略带棕色。幼鸟的头颈及背部具白色或皮黄色的鱼鳞状纹。虹膜褐色，眼圈黄色；上嘴黑灰色，下嘴前段黄绿色，后段黄色；脚黄色。

生活习性 栖息于山地和平原地区的树林中。通常单独或成对活动。主要吃各类昆虫，也吃少量的果实、种子等。繁殖期为5~7月。不营巢、孵卵和育雏，产卵于苇莺、鹟科等鸟类的巢中。晚成鸟。

分布 国内分布于除西藏、新疆、青海以外的各省区。卤阳湖各处均可见。

现状 4~7月在卤阳湖可见，数量较少。

居留型 夏候鸟。

保护级别 有重要生态、科学、社会价值的陆生野生动物。

雄鸟 / 臧晓博 摄

40. 大杜鹃

英文名 Common Cuckoo

学名 *Cuculus canorus*

主要特征 体长约 32cm。体背从头、颈至腰部均为灰色，胸腹部白色并具较窄的深色横纹，尾羽为深灰色至黑色，尾背面端部白色，两侧具白纹，腹面具白斑。与四声杜鹃相比缺少尾羽次末端的黑斑。棕色型雌鸟头颈部及背面整体为棕色并具黑色横纹。虹膜和眼圈黄色；嘴黑色，下嘴基部黄色；脚黄色。

生活习性 栖息于山地、丘陵和平原地区的树林中。通常单独或成对活动。主要食物是各类昆虫，喜食毛虫。繁殖期为 5~7 月。不营巢、孵卵和育雏，常产卵于苇莺、鹟科等鸟类的巢中。晚成鸟。

分布 国内分布于除西藏中部和新疆东部地区以外各地。卤阳湖各处均可见。

现状 4~7 月在卤阳湖可见，数量较少。

居留型 夏候鸟。

保护级别 有重要生态、科学、社会价值的陆生野生动物。

张小勇 摄

高学斌 摄

七、鸨形目 OTIDIFORMES

（七）鸨科 Otididae

41. 大鸨

高学斌 摄

英文名 Great Bustard

学名 *Otis tarda*

主要特征 体长约100cm，雌鸟较雄鸟明显小。头部和颈部前侧淡灰色，颈部背侧及胸部略带棕色，体背及尾背棕色并具细密的黑色横纹，腹部白色。飞行时可见两翼腹面白色并具黑色边缘，背面覆羽前部棕色后部白色，飞羽为黑色。繁殖期雄鸟颈部前侧具有白色的丝状饰羽，棕色胸带变宽。雄鸟体型显著大于雌鸟。虹膜黑色；嘴灰色，尖端深色；腿和脚灰褐色，无后趾。

生活习性 栖息于开阔的草地、荒地或麦田之中。繁殖期单独或成数只的小群活动，其余时间集群活动。主要食物是植物的嫩芽、种子、果实等以及昆虫等无脊椎动物。繁殖期为5~7月。营巢于草原的地面凹陷处。1年繁殖1窝，每窝产卵2~4枚。孵化期为25~28d。早成鸟。

分布 国内分布于除西藏、浙江、湖南、福建、广东、云南、海南、台湾、广西、香港和澳门以外的其他各省。卤阳湖见于周边的麦田中。

现状 11月至次年3月在卤阳湖可见，数量较少。最大种群数量为35只，出现在2018年冬季。

居留型 冬候鸟。

保护级别 国家Ⅰ级重点保护野生动物。

雄鸟 非繁殖羽 / 高学斌 摄

雌鸟 / 王 实 摄

八、鹤形目 GRUIFORMES

（八）秧鸡科 Rallidae

42. 黑水鸡

英文名 Common Moorhen

学名 *Gallinula chloropus*

主要特征 体长约 30cm。体色深灰色至黑色，背部、两翼及尾羽背侧略带棕色，胁部有白色细纹，尾羽两侧有白斑。虹膜红棕色；嘴端部黄色，后段及额甲红色；腿和脚黄绿色，上端近羽毛处红色。

生活习性 栖息于各种有芦苇等易于隐蔽的挺水植物的水体。繁殖期成对活动，其余时间集群活动。主要食物是植物的嫩芽和根茎以及水生昆虫和软体动物。繁殖期为 4~7 月。以芦苇和草在水边草丛中筑成碗状巢。1 年繁殖 1~2 窝，每窝产卵 6~10 枚。孵化期为 19~22d。早成鸟。

分布 国内各省区均有分布。卤阳湖见于湖泊及盐田边的水渠中。

现状 全年在卤阳湖可见，数量较多。仅 5 次记录到上百只的种群。最大种群数量为 348 只，出现在 2018 年 7 月。

居留型 留鸟。

保护级别 有重要生态、科学、社会价值的陆生野生动物。

亚成体 / 高学斌 摄

亚成体 / 张小勇 摄

高学斌 摄

43. 白骨顶

英文名 Common Coot

学名 *Fulica atra*

主要特征 体长约40cm。体色深灰色至黑色。颈部前侧及羽色略浅。虹膜红色；嘴及额甲白色；腿和脚灰绿色，趾生有瓣蹼。

生活习性 栖息于各种有芦苇等易于隐蔽的挺水植物的水体环境。繁殖期成对活动，其余时间集群活动。主要食物是鱼虾、水生昆虫和软体动物以及水生植物的嫩芽和根茎。繁殖期为4~7月。以芦苇和草在水边草丛中筑成碗状巢。1年繁殖1~2窝，每窝产卵6~10枚。孵化期为19~22d。早成鸟。

分布 国内各省区均有分布。卤阳湖主要见于湖泊中。

现状 全年在卤阳湖可见，数量多，有少量个体在卤阳湖繁殖。因湖泊面积增加，种群数量逐年上升。最大种群数量为2215只，出现在2019年11月。

居留型 冬候鸟或留鸟。

保护级别 有重要生态、科学、社会价值的陆生野生动物。

高学斌 摄

（九）鹤科 Gruidae

44. 灰鹤

高学斌 摄

英文名 Common Crane

学名 *Grus grus*

主要特征 体长约 125cm。颈及腿修长，成体体色以灰色为主。头颈部前侧及枕部黑色，头顶偏后部红色，自眼至颈后侧白色，两翼飞羽黑色，收拢后聚集在尾部。亚成鸟头部和上颈染浅棕黄色。虹膜褐色；嘴黄绿色，端部色浅偏黄色；腿和脚灰黑色。

生活习性 栖息于平原地区的草地、湖沼、农田和河滩等环境。繁殖期成对活动，其余时间集群活动。食物主要是各类植物的茎叶、果实、种子以及各类昆虫、鱼类和两栖爬行类等。繁殖期为 4~7 月。营巢于沼泽湿地的干燥地面上，由枯枝草茎堆积而成。1 年繁殖 1 窝，每窝产卵 1~3 枚。孵化期为 28~30d。早成鸟。

分布 国内各省区均有分布。卤阳湖分布于湖岸边。

现状 数量稀少。在卤阳湖仅 2018 年 3 月见到 1 只。

居留型 旅鸟。

保护级别 国家 II 级重点保护野生动物。

亚成体 / 高学斌 摄

高学斌 摄

九、鸻形目 CHARADRIIFORMES

（十）反嘴鹬科 Recurvirostridae

45. 黑翅长脚鹬

陈永锡 摄

英文名 Black-winged Stilt

学名 *Himantopus himantopus*

主要特征 体长约37cm。繁殖期雄鸟头颈大部为白色，头顶后部经枕部至颈后侧为黑色，羽毛颜色深浅及范围在个体间有差异，两翼及背部黑色。非繁殖期雄鸟头顶至后颈的黑色基本褪去，时常沾有黑色，整体体色略暗淡。雌鸟似非繁殖期雄鸟。幼鸟体色稍淡并多为褐色。虹膜红褐色；嘴细长，黑色；腿和脚极长，红色。

生活习性 栖息于开阔平原的湖泊、浅水和沼泽地带。通常集群活动。主要食物是各种小型水生甲壳类和昆虫等无脊椎动物。繁殖期为5~7月。以小枯枝和草在水边浅滩或草地上做碟状巢。1年繁殖1~2窝，每窝产卵约4枚。孵化期为16~18d。早成鸟。

分布 国内各省区均有分布。卤阳湖见于盐田及湖岸边。

现状 3~11月在卤阳湖可见，数量多。种群数量基本稳定。最大种群数量1602只，出现在2016年7月。

居留型 夏候鸟。

保护级别 有重要生态、科学、社会价值的陆生野生动物。

高学斌 摄

巢和卵 / 高学斌　摄

亚成体 / 张小勇　摄

幼鸟 / 高学斌　摄

雏鸟 / 陈永锡　摄

46. 反嘴鹬

高学斌 摄

英文名 Pied Avocet

学名 *Recurvirostra avosetta*

主要特征 体长约43cm。具有细长而上翘的嘴。体色大部为白色，仅头顶至颈后侧上部、初级飞羽、覆羽中部及肩部至背部外侧为黑色。虹膜深褐色，嘴黑色，腿和脚蓝灰色。

生活习性 栖息于开阔的浅水及其附近的荒地。通常集群活动。主要食物是各种小型水生无脊椎动物。繁殖期为5~7月。以小枯枝和草在水边荒地上的凹陷处营简陋地面巢。1年繁殖1~2窝，每窝产卵约4枚。孵化期为22~24d。早成鸟。

分布 国内除海南外各省区均有分布。卤阳湖见于盐田及湖泊岸边。

现状 3~11月在卤阳湖可见，数量较多。自2015年起，有部分个体在卤阳湖繁殖，种群数量处于上升趋势。最大种群数量为240只，出现在2020年7月。

居留型 旅鸟或夏候鸟。

保护级别 有重要生态、科学、社会价值的陆生野生动物。

胡光锋 摄

（十一）鸻科 Charadriidae

47. 凤头麦鸡

英文名 Northern Lapwing

学名 *Vanellus vanellus*

主要特征 体长约30cm。繁殖期冠羽黑色，头顶、颏、喉及胸部黑色，眼下向后延伸为1道黑色条纹，眼后至脸颊及枕部为白色，背部及两翼金属绿色，翼前部略带紫色光泽，下胸和腹部白色，尾羽基部和末端边缘白色，近端部黑色，尾下覆羽浅红棕色。非繁殖期头部白色部分变为皮黄色，颏和喉部白色，翼上覆羽具皮黄色羽缘。飞行时可见黑色飞羽及白色的初级飞羽末端，腿不伸出尾部。虹膜黑褐色，嘴黑色，腿和脚红褐色。

生活习性 栖息于丘陵、平原地区河流、湖泊、沼泽等水域附近。繁殖期成对或结小群活动，其余时间集群活动。主要食物是各种昆虫等小型无脊椎动物。繁殖期为5~7月。营巢于水边草地或荒地上的凹陷处，内垫有少量枯草。1年繁殖1窝，每窝产卵约4枚。孵化期为25~28d。早成鸟。

分布 国内各省区均有分布。卤阳湖主要见于盐田。

现状 2~4月和10~11月迁徙期在卤阳湖可见，数量多。最大种群数量787只，出现在2014年11月。

居留型 旅鸟。

保护级别 有重要生态、科学、社会价值的陆生野生动物。

非繁殖羽 / 高学斌 摄

48. 灰头麦鸡

繁殖羽 / 高学斌　摄

英文名　Grey-headed Lapwing

学名　*Vanellus cinereus*

主要特征　体长约35cm。繁殖期头、颈及胸灰色，胸部和腹部之间有黑色胸带分隔，背部及两翼大部分覆羽褐色，腹部和腰部白色，尾羽基部及边缘白色，近末端有黑色斑块。非繁殖期头颈部染褐色，颏及喉部白色，胸带不明显。飞行时可见初级飞羽黑色，其余飞羽及与之相邻的部分覆羽白色。亚成鸟似非繁殖期成鸟，但无胸带。虹膜红褐色，眼圈黄色；嘴尖段黑色，后段黄色；腿和脚黄色。

生活习性　栖息于丘陵、平原地区河流、湖泊和沼泽等水体附近。繁殖期成对活动，其余时间集群活动。主要食物是各种昆虫等小型无脊椎动物。繁殖期为5~7月。营巢于水边草地或荒地上的凹陷处，内垫有少量枯草。1年繁殖1窝，每窝产卵4枚。孵化期为27~30d。早成鸟。

分布　国内除新疆外各省区均有分布。卤阳湖主要见于盐田及其周边的草地和农田。

现状　3~11月在卤阳湖可见，数量多。种群数量逐年上升。最大种群数量855只，出现在2018年9月。

居留型　夏候鸟。

保护级别　有重要生态、科学、社会价值的陆生野生动物。

繁殖羽 / 高学斌　摄

非繁殖羽 / 高学斌　摄

高学斌 摄

高学斌 摄

49. 金鸻

英文名 Pacific Golden Plover

学名 *Pluvialis fulva*

主要特征 体长约25cm。繁殖期眼以下自脸颊、喉部、前颈至胸腹部黑色，头顶、枕部、后颈、背部、两翼和尾部满布金色和黑色相间的斑点，也夹杂少量白色斑点，前额、眉纹、耳后和颈侧为白色，胸部及胁部为黑白相间的条纹。非繁殖期上体被黑色斑点色淡，头颈部和胸部为金色和棕色相间的细条纹，下腹部和尾下白色。虹膜褐色，嘴黑色，腿和脚灰色至黑色。

生活习性 栖息于水边滩涂、沼泽、沙石地或草地上。繁殖期成对活动，其余时间集群活动。主要食物是各类小型无脊椎动物。繁殖期为6~7月。营巢于西伯利亚苔原地面的浅坑，内垫有少量枯草、苔藓。1年繁殖1窝，每窝产卵4~5枚。孵化期为27d。早成鸟。

分布 国内各省区均有分布。卤阳湖主要见于盐田。

现状 5月和8~11月迁徙期在卤阳湖可见，数量较少。过百只的种群仅记录到2次。最大种群数量为167只，出现在2014年5月。

居留型 旅鸟。

保护级别 有重要生态、科学、社会价值的陆生野生动物。

繁殖羽 / 高学斌 摄

换羽期 / 高学斌 摄

幼鸟 / 高学斌 摄

50. 灰鸻

英文名 Grey Plover

学名 *Pluvialis squatarola*

主要特征 体长约 28cm。繁殖期脸颊、喉部、前颈和胸腹部黑色，头顶、枕部、后颈、背部、两翼和尾部为灰白色和黑色相间的斑点，前额、眉纹、耳后、颈侧、侧胸及胁部为白色。非繁殖期上体被黑色斑点色淡，头颈部、胸部为淡棕色细条纹，腹后部和尾下白色。飞行时可见白色腰部。与金鸻的区别在于体背为黑白相间的斑点，无金色，繁殖期腹部黑色延伸至两胁，无白色细条纹。虹膜褐色，嘴黑色，腿和脚灰色至黑色。

生活习性 栖息于水边滩涂、沼泽、沙石地或草地上。繁殖期成对活动，其余时间集群活动。主要食物是各类小型无脊椎动物。繁殖期为 6~8 月。营巢于北极苔原地面的浅坑，内垫有少量枯草、苔藓。1 年繁殖 1 窝，每窝产卵 3~4 枚。早成鸟。

分布 国内各省区均有分布。卤阳湖主要见于盐田。

现状 数量稀少。仅 2014 年 11 月和 2015 年 8 月迁徙期在卤阳湖见到，数量为 1~3 只。

居留型 旅鸟。

保护级别 有重要生态、科学、社会价值的陆生野生动物。

非繁殖羽 / 臧晓博 摄

51. 长嘴剑鸻

英文名 Long-billed Plover

学名 *Charadrius placidus*

主要特征 体长约 22cm。体色主要为黑、白及灰褐色。繁殖期具黑色的前顶横纹和全胸带，贯眼纹灰褐色，头顶后部至枕部、背及两翼沙褐色，其余部位白色。非繁殖期及亚成鸟黑色部分为褐色。与金眶鸻的主要区别是没有显著的黄色眼圈，贯眼纹多为棕色，嘴和尾较长。虹膜褐色，嘴黑色，腿和脚黄色。

生活习性 栖息于水边滩涂、沼泽、沙石地或草地上。繁殖期成对活动，其余时间集小群活动。主要食物是各类小型无脊椎动物。繁殖期为 5~7 月。营巢于水边沙石地上的凹陷处。1 年繁殖 1 窝，每窝产卵 3~4 枚。孵化期为 25~27d。早成鸟。

分布 国内除新疆外各省区均有分布。卤阳湖主要见于盐田。

现状 3~5 月及 7~10 月在卤阳湖可见，数量较多。最大种群数量 202 只，出现在 2016 年 4 月。

居留型 旅鸟。

保护级别 有重要生态、科学、社会价值的陆生野生动物。

非繁殖羽 / 高学斌 摄

52. 金眶鸻

繁殖羽 / 高学斌　摄

英文名　Little Ringed Plover

学名　*Charadrius dubius*

主要特征　体长约 16cm。体色主要为黑、白及棕灰色。繁殖期前额、眉纹、喉部及颈上部白色，前额上部、贯眼纹及颈环黑色，头顶及枕部棕灰色，胸腹部白色，背部及两翼棕灰色。飞行时可见棕灰色尾部两侧为白色。非繁殖期及亚成鸟黑色部分变为褐色。与环颈鸻的主要区别为颈环中央闭合，且额部黑色与眼相连，与长嘴剑鸻的主要区别是眼圈黄色极显著。虹膜褐色；嘴短，黑色，基部略带黄色；腿和脚黄色。

生活习性　栖息于水边滩涂、沼泽、沙石地或草地上。繁殖期成对活动，其余时间集小群活动。主要食物是各类小型无脊椎动物。繁殖期为 5~7 月。营巢于水中小岛或沙洲地面上的凹陷处，巢内有时垫有少量枯草。1 年繁殖 1 窝，每窝产卵 3 枚。孵化期为 24~26d。早成鸟。

分布　国内各省区均有分布。卤阳湖主要见于盐田及湖泊岸边。

现状　3~10 月在卤阳湖可见，数量较多。最大种群数量为 421 只，出现在 2016 年 7 月。

居留型　夏候鸟。

保护级别　有重要生态、科学、社会价值的陆生野生动物。

繁殖羽 / 高学斌　摄

53. 环颈鸻

雌鸟　繁殖羽 / 高学斌　摄

英文名　Kentish Plover

学名　*Charadrius alexandrinus*

主要特征　体长约 15cm。繁殖期雄鸟前额延伸至眉纹、喉部及颈上部白色，贯眼纹、前额上部及中央不闭合的颈环黑色，头顶及枕部红棕色，胸腹部白色，背部及两翼棕色；雌鸟及非繁殖期雄鸟的头部和胸部黑色条纹呈沙褐色。飞行时可见棕色尾部两侧的白斑。与金眶鸻的主要区别为颈环中央不闭合，且额部黑色与眼上部不相连。虹膜褐色，嘴黑色，腿和脚黑色。

生活习性　栖息于水边滩涂、沼泽、沙石地或草地上。繁殖期成对活动，其余时间集群活动。主要食物是各类小型无脊椎动物。繁殖期为 5~8 月。营巢于沙石地上的凹陷处，巢内有时垫有少量枯草。1 年繁殖 1 窝，每窝产卵 3 枚。孵化期为 23~25d。早成鸟。

分布　国内各省区均有分布。卤阳湖主要见于盐田及湖泊岸边。

现状　3~11 月在卤阳湖可见，数量多。最大种群数量为 1238 只，出现在 2014 年 9 月。

居留型　夏候鸟。

保护级别　有重要生态、科学、社会价值的陆生野生动物。

雄鸟　繁殖羽 / 高学斌　摄

换羽期 / 高学斌　摄

非繁殖羽 / 高学斌　摄

54. 蒙古沙鸻

英文名 Lesser Sand Plover

学名 *Charadrius mongolus*

主要特征 体长约 20cm。繁殖期雄鸟额及宽阔的贯眼纹黑色，头顶至枕部沙褐色，背部、两翼和尾灰褐色，外侧尾羽外翈白色，后颈与由胸部并向两侧延伸的宽阔胸带相连接，皆呈棕红色，眉纹、颏、喉及腹部白色；雌鸟似雄鸟但眼罩褐色，胸带窄而色浅。非繁殖期头部黑色区域变为褐色，眉纹白色，胸部棕红色褪去，变为较窄且中间不相连的褐色胸带。虹膜褐色，嘴黑色，腿和脚灰褐色。

雄鸟 换羽期 / 高学斌 摄

生活习性 栖息于海洋、河流、湖泊等水域岸边及附近区域。繁殖期成对活动，其余时间集群活动。主要取食昆虫及其他小型无脊椎动物。繁殖期为 6~7 月。营巢于苔原及水域岸边的沙石地面凹陷处。1 年繁殖 1 窝，每窝产卵 2~4 枚。早成鸟。

分布 国内除四川、贵州、湖南外各省区均有分布。卤阳湖主要见于盐田。

现状 数量稀少。仅 2019 年 5 月在卤阳湖观察到 1 只，为陕西省鸟类新记录。

居留型 旅鸟。

保护级别 有重要生态、科学、社会价值的陆生野生动物。

雄鸟 繁殖羽 / 夏川广 摄

55. 铁嘴沙鸻

雄鸟　换羽期 / 高学斌　摄

英文名　Greater Sand Plover

学名　*Charadrius leschenaultii*

主要特征　体长约 23cm。繁殖期雄鸟头顶、枕部及胸部棕色，喉部及前额近嘴基部白色，贯眼纹及前额上部黑色，背部、两翼及尾部褐色，腹部及尾下白色。非繁殖期雄鸟头的黑色变为褐色，胸部的棕色褪去，变为窄而不相连的褐色胸带。雌鸟似非繁殖期雄鸟。虹膜褐色，嘴黑色，腿和脚黄色至黄绿色。

生活习性　栖息于水边滩涂、沼泽、沙石地或草地上。繁殖期成对活动，其余时间集群活动。主要食物是各类昆虫等小型无脊椎动物。繁殖期为 4~7 月。营巢于沙石地面的凹陷处，内垫有少量草茎和苔藓。1 年繁殖 1 窝，每窝产卵 3~4 枚。早成鸟。

分布　国内见于除黑龙江和西藏以外各省区。卤阳湖主要见于盐田。

现状　仅 4 月、7 月和 9 月迁徙期在卤阳湖偶见，数量稀少。最大种群数量为 12 只，出现在 2019 年 7 月。

居留型　旅鸟。

保护级别　有重要生态、科学、社会价值的陆生野生动物。

雄鸟　换羽期 / 高学斌　摄

56. 东方鸻

英文名 Oriental Plover

学名 *Charadrius veredus*

主要特征 体长约 24cm。繁殖期雄鸟头顶淡褐色，脸颊、枕部和颈部白色至淡褐色或红棕色，胸部红棕色，与白色腹部交界处为黑色，腹部及尾腹面白色，背部、两翼及尾羽背面褐色；雌鸟头顶和胸灰褐色。非繁殖期头颈部、胸部淡褐色。虹膜褐色，嘴黑色，腿和脚黄色至粉色。

生活习性 栖息于水边滩涂、沼泽、沙石地或草地上，有时也会在远离水域的地方活动。繁殖期成对活动，其余时间集群活动。主要食物是各类昆虫等小型无脊椎动物。繁殖期为 5~7 月。营巢于地面凹陷处。早成鸟。

分布 除云南、西藏、宁夏外国内其他省区均有分布。卤阳湖见于盐田。

现状 数量稀少。在卤阳湖仅 2014 年 9 月见到 2 只。

居留型 旅鸟。

保护级别 有重要生态、科学、社会价值的陆生野生动物。

63. 半蹼鹬

幼鸟 / 高学斌 摄

英文名 Asian Dowitcher

学名 *Limnodromus semipalmatus*

主要特征 体长约 35cm。繁殖期眼先及贯眼纹黑色，其余体色大致棕红色，并杂有宽窄不一的黑色纵纹，背、两翼和尾呈现出黑色和白色杂纹；非繁殖期棕红色消失，头侧、颏、喉、颈、胸和两胁具黑褐色斑点或斑纹，下胸、两胁和尾下覆羽具黑褐色横斑，上体为灰褐色，具白色羽缘，腹部和尾下覆羽白色。虹膜黑褐色；嘴黑色，尖端稍膨大；腿和脚黑褐色，前三趾间基部具半蹼。

生活习性 栖息于湖泊、河流及海边的浅水湿地。繁殖期成对活动，其余时间集小群活动。主要以水生昆虫的成虫和幼虫、蠕虫和软体动物等小型无脊椎动物为食。繁殖期为 5~7 月。以杂草茎叶筑巢于觅食地边的小土丘的凹陷处。每窝产卵 2~4 枚。孵化期为 19~24d。早成鸟。

分布 国内分布于内蒙古、河北、天津、山东、青海、湖北、江苏、上海、福建、广东、广西、香港、澳门和台湾。卤阳湖见于盐田中。

现状 数量稀少。2019 年 8 月的迁徙期在卤阳湖见到 1 只，为陕西省鸟类新记录。

居留型 旅鸟。

保护级别 国家 II 级重点保护野生动物。

幼鸟 / 臧晓博 摄

64. 黑尾塍鹬

英文名 Black-tailed Godwit

学名 *Limosa limosa*

主要特征 体长约 42cm。体型较大，嘴长且直。眉纹白色。繁殖期头、颈和上胸栗色，背部具有黑色、红褐色和白色的斑点，胸腹部具栗褐色横纹；非繁殖期头顶部色稍深，上体灰褐色，下体灰色。黑色的尾羽、白色的腰及尾基部，可与斑尾塍鹬区分开来。虹膜褐色；嘴基在繁殖期橙黄色，非繁殖期肉色而端部黑色；腿和脚黑灰色。

生活习性 栖息于沼泽、湖泊和沿海海滨等湿地的浅水区和附近的草地上。繁殖期成对或结小群活动，其余时间集群活动。主要以水生昆虫、昆虫幼虫、甲壳类和软体动物等小型无脊椎动物为食。繁殖期为 5~7 月。常营巢于水域附近开阔的稀疏草地上，或沼泽湿地中的土丘上，巢为简陋的地面巢，内垫以干草。每窝产卵 3~5 枚。孵化期为 24d。早成鸟。

分布 国内广泛分布于各省。卤阳湖主要见于盐田中。

现状 每年 4~5 月和 7~11 月的迁徙期在卤阳湖可见，数量较少。过百的种群仅在 2014 年 4 月记录到 1 次，数量为 154 只。

居留型 旅鸟。

保护级别 有重要生态、科学、社会价值的陆生野生动物。

繁殖羽 / 高学斌 摄

繁殖羽 / 高学斌 摄

繁殖羽 / 高学斌 摄

65. 中杓鹬

英文名 Whimbrel

学名 *Numenius phaeopus*

主要特征 体长约 43cm。眉纹色浅，顶纹黑色。上体满布褐色斑块或横纹，下体灰白色。外部特征与白腰杓鹬和大杓鹬相似，但体型小且嘴短，白色眉纹明显，野外不难识别。虹膜褐色；嘴长而下弯，黑色；腿和脚蓝灰色。

生活习性 栖息于沼泽、苔原、湖泊、河流、沿海沙滩、河岸草地生境。繁殖期成对活动，其余时间集小群活动。主要以昆虫、昆虫幼虫、甲壳类和软体动物等小型无脊椎动物为食。繁殖期为 5~7 月。通常营巢于湿地周边，选择土丘或干燥草地，巢为简陋的地面巢，内垫以干草和苔藓。每窝产卵 3~5 枚。孵化期为 24d。早成鸟。

分布 国内广泛分布于各省。卤阳湖主要见于盐田中。

现状 4~5 月和 9 月的迁徙期在卤阳湖偶见，数量稀少。多年来每次仅见到 1 只。

居留型 旅鸟。

保护级别 有重要生态、科学、社会价值的陆生野生动物。

臧晓博 摄

66. 白腰杓鹬

英文名 Eurasian Curlew

学名 *Numenius arquata*

主要特征 体长约55cm。颏、喉灰白色，下腹部和腰部白色。站立时其余体色为淡褐色，被有黑褐色纵纹，尾白色具黑色横斑。与相似种中杓鹬和大杓鹬相比，其体型较中杓鹬大，与大杓鹬比其腰部、臀下和翼下覆羽白色。虹膜褐色；嘴黑色甚长而下弯，下嘴基部肉红色；腿和脚蓝灰色。

生活习性 栖息于湖泊、河流岸边等湿地以及附近草地和农田等地带。繁殖期成对活动，其余时间集大群活动。主要以甲壳类、软体动物、蠕虫、昆虫和昆虫幼虫等小型无脊椎动物为食，也吃小鱼和蛙。繁殖期为5~7月。在干燥的草地沼泽的土丘上营简陋的地面巢，内多垫以干草。每窝产卵通常为3~5枚。孵化期为28~30d。早成鸟。

分布 国内广泛分布于除贵州外的各省。卤阳湖主要见于盐田中。

现状 3~4月和7~10月迁徙期在卤阳湖偶见，数量稀少。最大种群数量为4只，出现在2016年4月。

居留型 旅鸟。

保护级别 国家II级重点保护野生动物。

张小勇 摄

67. 大杓鹬

高学斌 摄

英文名 Eastern Curlew

学名 *Numenius madagascariensis*

主要特征 体长约 63cm。全身密被黑褐色纵纹或斑块。颏、喉白色，腰和尾上覆羽具较宽的棕红褐色羽缘，尾羽浅灰沾黄，具有棕褐色或灰褐色横斑，腹至尾下覆羽灰白色，具较稀疏的灰褐色羽干纹。较相似种中杓鹬个体大，较相似种白腰杓鹬整体羽色更褐，腰部、臀下和翼下均无白色。虹膜褐色；嘴黑色，甚长而下弯，下嘴基部肉红色；腿和脚蓝灰色。

生活习性 栖息于河流、湖泊、沼泽、水塘和海滨等湿地以及附近的草地边。繁殖期成对活动，其余时间集小群活动。主要以甲壳类、软体动物、蠕虫、昆虫和幼虫等小型无脊椎动物为食，有时也吃鱼类、爬行类和两栖类等脊椎动物。繁殖期为 4~7 月。营巢于湿地周边的土丘上和盐碱地上，巢为简陋的地面巢，内多垫以干草。每窝产卵 4 枚。早成鸟。

分布 国内分布于除新疆、西藏、云南和贵州外的各省。卤阳湖主要见于盐田中。

现状 在 3 月、6 月和 9 月迁徙期于卤阳湖偶见，数量稀少。多年来每次仅见到 1 只。

居留型 旅鸟。

保护级别 国家 II 级重点保护野生动物。

张小勇 摄

68. 鹤鹬

英文名 Spotted Redshank

学名 *Tringa erythropus*

主要特征 体长约 30cm。繁殖期全身黑色，具白色眼圈，背部具白色羽缘，两胁具白色鳞状斑；非繁殖期头顶、颈部和背部为灰色，胸腹部白色，胸侧和两胁具灰色横斑。与红脚鹬区别在于灰色较深，嘴较长且细，仅下嘴基红色，两翼色深并具白色羽缘；飞行时与红脚鹬区别在翼后缘缺少白色横纹。虹膜褐色；嘴黑色且细长，下嘴基红色；腿和脚橘黄色。

生活习性 栖息于湖泊、水塘、海滨和河流岸边及其附近沼泽地带。繁殖期成对活动，其余时间集群活动。主要以甲壳类、软体动物、蠕虫、水生昆虫和昆虫幼虫等小型无脊椎动物为食。繁殖期为 4~7 月。在湖边草地上，或苔原和沼泽地带高的土丘上，也在岩石下、倒木下或树下营巢，巢为简陋的地面巢，内多垫以干草和树叶。每窝产卵 4 枚。早成鸟。

分布 国内广泛分布于各省。卤阳湖主要见于盐田中及天骄湖、天卤湖边浅滩。

现状 在卤阳湖主要见于 3~5 月和 7~11 月的迁徙期，6 月偶见，数量多。最大种群数量为 864 只，出现在 2020 年 9 月。

居留型 旅鸟。

保护级别 有重要生态、科学、社会价值的陆生野生动物。

非繁殖羽 / 高学斌 摄

换羽期 / 夏川广 摄

换羽期 / 高学斌 摄

繁殖羽 / 高学斌 摄

69. 红脚鹬

英文名 Common Redshank

学名 *Tringa totanus*

主要特征 体长约 28cm。繁殖期上体锈褐色，羽轴黑褐色，下体白色，胸部密布黑褐色纵纹；非繁殖期似繁殖期但整体颜色偏淡。飞行时白腰和翼内侧后缘宽阔的白色带明显。与相似种鹤鹬相比，红脚鹬嘴型更粗壮，且整个嘴后半部为红色。虹膜褐色；嘴橙红色，端部黑色；腿和脚橙红色。

生活习性 栖息于海滨、江河、泥滩、河岸边和沼泽地带。繁殖期成对活动，其余时间集小群活动。主要以甲壳类、软体动物、昆虫等小型无脊椎动物为食。繁殖期为 5~7 月。在水域附近的干燥地面或沼泽的土丘上营简陋的地面巢，内多垫以干草。每窝产卵 4 枚。孵化期为 23~25d。早成鸟。

分布 国内广泛分布于各省。卤阳湖主要见于盐田中及天骄湖、天卤湖边浅滩。

现状 在卤阳湖主要见于 3~4 和 7~11 月的迁徙期，5~6 月偶见，数量较少。过百只的种群仅在 2016 年 9 月记录到 1 次，数量为 116 只。

居留型 旅鸟。

保护级别 有重要生态、科学、社会价值的陆生野生动物。

幼鸟 / 高学斌 摄

换羽期 / 臧晓博 摄

幼鸟 / 高学斌 摄

70. 泽鹬

英文名 Marsh Sandpiper

学名 *Tringa stagnatilis*

主要特征 体长约 23cm。繁殖期上体灰褐色具深色斑，腰白色，下体白色，颈及胸侧具黑色纵纹；非繁殖期额及眉纹白色，上体浅灰褐色具细的白色羽缘，下体白色，颈侧具灰褐色纵纹，两翼及尾近黑色。虹膜褐色，嘴黑色且细直，腿和脚黄绿色。

生活习性 栖息在湖泊、盐田、沼泽地、池塘并偶尔至沿海滩涂生境。繁殖期成对活动，其余时间集群活动。主要以水生昆虫、昆虫幼虫、蠕虫、软体动物和甲壳类等小型无脊椎动物为食，也吃小型鱼类。繁殖期为 5~7 月。在水边草丛中的凹陷地面上营巢，内垫以干草。每窝产卵 3~5 枚。早成鸟。

分布 国内广泛分布于除西藏、云南和贵州外的各省。卤阳湖主要见于盐田中及天骄湖、天卤湖边浅滩。

现状 在卤阳湖主要见于 8~10 月的迁徙期，数量稀少。最大种群数量为 14 只，出现在 2014 年 8 月。

居留型 旅鸟。

保护级别 有重要生态、科学、社会价值的陆生野生动物。

非繁殖羽 / 高学斌 摄

71. 青脚鹬

英文名 Common Greenshank

学名 *Tringa nebularia*

主要特征 体长约 32cm。繁殖期头部、颈部密布黑褐色条纹，上体灰褐色，翼尖黑色，尾部横斑近黑色，其余体色为白色；非繁殖期上体暗灰色，由黑色的羽轴和白色的羽缘形成上体的斑纹，喉、胸的纵纹消失。虹膜褐色；嘴蓝灰色微微上翘，端部黑色；腿和脚黄绿色。

生活习性 栖息于沿海和内陆的沼泽地带及大河流的泥滩。繁殖期成对活动，其余时间集群活动。主要以甲壳类、软体动物、水生昆虫和昆虫幼虫等小型无脊椎动物为食，也吃小型鱼类。繁殖期为 5~7 月。在树根部或沼泽的土丘上营简陋的地面巢，内垫以干草和苔藓。每窝产卵 3~5 枚。孵化期为 24~25d。早成鸟。

分布 国内广泛分布于各省。卤阳湖主要见于盐田中及天骄湖、天卤湖边浅滩。

现状 在卤阳湖主要见于 4~5 月和 7~11 月的迁徙期，6 月偶见，数量较多。最大种群数量为 146 只，出现在 2015 年 7 月。

居留型 旅鸟。

保护级别 有重要生态、科学、社会价值的陆生野生动物。

高学斌 摄

繁殖羽 / 高学斌 摄

非繁殖羽 / 高学斌 摄

72. 白腰草鹬

英文名 Green sandpiper

学名 *Tringa ochropus*

主要特征 体长约 23cm。繁殖期前颈、胸和上胁部有灰棕色条纹，上体绿褐色杂有白色斑点，两翼及下背几乎全为黑色，尾部白色，端部具黑色横斑，腹部及臀白色。飞行时黑色的翼、白色的腰部以及尾部的横斑极显著。非繁殖羽和繁殖羽基本相似，但体色较淡，上体呈灰褐色，背和肩具不甚明显的皮黄色斑点。虹膜褐色，嘴暗橄榄色，腿和脚灰绿色。

生活习性 繁殖期栖息于森林中的湖泊、河流、沼泽和水塘等湿地环境；非繁殖期栖息于沿海、湖泊、河流和沼泽地带。繁殖期成对活动，迁徙期常集成小群。主要以蠕虫、甲壳类、软体动物、昆虫、昆虫幼虫等小型无脊椎动物为食。繁殖期为 5~7 月。营巢于森林中的河流、湖泊和沼泽旁的草丛中或树根下。每窝产卵 3~4 枚。孵化期为 20~23d。早成鸟。

分布 国内广泛分布于各省。卤阳湖主要见于盐田及天骄湖和天卤湖的岸边。

现状 在卤阳湖主要见于 3~11 月，数量较少。最多时种群数量为 30 余只。

居留型 夏候鸟或旅鸟。

保护级别 有重要生态、科学、社会价值的陆生野生动物。

繁殖羽 / 高学斌 摄

繁殖羽 / 高学斌 摄

非繁殖羽 / 高学斌 摄

73. 林鹬

英文名 Wood sandpiper

学名 *Tringa glareola*

非繁殖羽 / 高学斌 摄

主要特征 体长约 20cm。繁殖期眉纹、喉、腰及下体白色，上体灰褐色并具白色斑点，胸部具黑褐色纵纹，尾白而具褐色横斑。非繁殖期似繁殖期，但胸部纵纹颜色淡。虹膜褐色；嘴黑色，基部黄绿色；腿和脚淡黄至橄榄绿色。

生活习性 繁殖期栖息于林中或林缘开阔沼泽、湖泊、水塘与溪流岸边，也栖息和活动于有稀疏矮树或灌丛的平原水域和沼泽地带；非繁殖期栖息于各种淡水和盐水湖泊、水塘、水库、沼泽和水田地带。繁殖期成对活动，其余时间常集群。主要以各类昆虫、蠕虫、软体动物和甲壳类等小型无脊椎动物为食，偶尔也吃少量植物的种子。繁殖期为 5~7 月。巢多置于水边或附近草丛与灌丛中的地面上，或沼泽中的土丘上和苔原上，为简陋的地面巢，内垫以干草和苔藓。每窝产卵 4 枚。早成鸟。

繁殖羽 / 高学斌 摄

分布 国内广泛分布于各省。卤阳湖主要见于盐田以及天骄湖和天卤湖的岸边。

现状 在卤阳湖主要见于 4~5 月和 7~11 月的迁徙期，6 月偶见，数量多。最大种群数量为 1544 只，出现在 2016 年 5 月。

居留型 旅鸟。

保护级别 有重要生态、科学、社会价值的陆生野生动物。

高学斌 摄

繁殖羽 / 高学斌 摄

74. 灰尾漂鹬

英文名 Grey-tailed Tattler

学名 *Tringa brevipes*

主要特征 体长约25cm。繁殖期头顶、颈背和背部及两翼暗灰色，贯眼纹黑色，眉纹白色，颏近白色，腹部和尾下白色，头侧、颈侧、颈下、胸部及两胁具有灰色横斑。非繁殖期前颈和胸部为淡灰色，下体横斑褪去。虹膜褐色；嘴黑色，下嘴基部黄色；腿和脚黄色。

生活习性 繁殖期栖息于山地砂石河流地带，非繁殖期栖息于岩石海岸、海滨沙滩、泥地及河口。繁殖期成对活动，迁徙期常集群。主要以水生昆虫、甲壳类和软体动物等小型无脊椎动物为食，有时也吃小型鱼类。繁殖期为6~7月。营巢于河边石头间地上凹坑或洞穴中，也利用树上鸫科鸟类废弃的旧巢。每窝产卵4枚。早成鸟。

分布 国内分布于从东北至海南的东部省份。卤阳湖偶见于盐田中。

现状 数量稀少。2014年9月的迁徙期在卤阳湖见到1次，仅2只。

居留型 旅鸟。

保护级别 有重要生态、科学、社会价值的陆生野生动物。

繁殖羽 / 高学斌 摄

75. 矶鹬

英文名 Common Sandpiper

学名 *Actitis hypoleucos*

主要特征 体长 20cm。眉纹白色，贯眼纹黑色，上体褐色，飞羽近黑色，下体白色，白色延伸至肩部形成 1 个明显的白色三角，翼不及尾长。飞行时翼上具白色横纹，外侧尾羽的白色明显，翼下具黑色及白色横纹。虹膜褐色；嘴黑褐色，短且直；腿和脚灰绿色。

生活习性 栖息于河岸、海岸、湖泊、水库和水塘等湿地水域。繁殖期成对活动，迁徙期常集成小群。主要以各类昆虫、甲壳类、软体动物和蠕虫等小型无脊椎动物为食，也吃小鱼和蝌蚪等。繁殖期为 5~7 月。在湿地边的凹坑中营简陋的地面巢，常无巢材或用少量的干草铺垫。1 年繁殖 1 窝，每窝产卵 4~5 枚。孵化期为 20~22d。早成鸟。

分布 国内广泛分布于各省。卤阳湖见于盐田、天骄湖和天卤湖边的浅滩。

现状 在卤阳湖主要见于 3~5 月和 7~10 月的迁徙期，数量较少。最大种群数量为 40 只，出现在 2015 年 7 月。

居留型 旅鸟。

保护级别 有重要生态、科学、社会价值的陆生野生动物。

高学斌 摄

高学斌 摄

高学斌 摄

76. 翻石鹬

英文名 Ruddy Turnstone

学名 *Arenaria interpres*

幼鸟 / 高学斌 摄

主要特征 体长约 23cm。嘴、腿及脚均短。繁殖期眼先、头侧、颈部、胸部黑白相间，头顶和颈部有黑色条纹，上体棕栗色带有黑色斑，翼尖和尾上端部黑褐色，胸腹部和尾下白色。非繁殖期羽色变暗淡，身上的栗红色变成深褐色。虹膜褐色，嘴黑色，腿和脚橙红色。

生活习性 栖息于岩石海岸、海滨沙滩、泥地和潮涧地带，也出现于海边沼泽及河口沙洲。迁徙期间偶尔也出现于内陆湖泊、河流、沼泽以及附近荒原和沙石地上。繁殖期成对活动，迁徙期常集大群。主要以甲壳类、软体动物、蠕虫、水生昆虫和昆虫幼虫等为食，也吃少量植物的种子和浆果。繁殖期为 6~8 月。在浅滩、沙地和海岸灌丛与岩石下营简陋的地面巢，内垫以干草和苔藓。每窝产卵多为 4 枚。早成鸟。

分布 迁徙时见于国内各省。卤阳湖见于盐田。

现状 数量稀少。在卤阳湖于 2014 年 9 月和 2019 年 8 月各见到 1 次，数量为 2~3 只。

居留型 旅鸟。

保护级别 国家 II 级重点保护野生动物。

繁殖羽 / 林清贤 摄

77. 红腹滨鹬

英文名 Red Knot

学名 *Calidris canutus*

繁殖羽 / 万勇 摄

繁殖羽 / 万勇 摄

主要特征 体长约 23cm。繁殖期头部至后颈锈棕红色，具细的黑色纵纹，背和肩部黑色，白色羽缘间有棕色斑纹，腰和尾上覆羽白色，具黑色横斑，翼上覆羽灰褐色，具白色羽缘，染棕色，尾灰褐色，具白色端缘，头侧和整个下体栗红色，下腹中央和尾下覆羽白色。非繁殖期头顶、后颈、背和肩均呈淡灰褐色，具细的深色条纹与白色羽缘，腰和尾上覆羽白色，具黑色横斑，身体棕栗色部位颜色褪去，前颈、颈侧、胸和两胁具灰色纵纹和横斑，下体白色。虹膜暗褐色，嘴黑色，腿和脚暗橄榄绿色或黄绿色。

生活习性 繁殖期栖息于环北极海岸和沿海岛屿及其冻原地带的山地、丘陵和冻原草甸环境中。冬季栖息于沿海海岸、河口，迁徙期间也深入到内陆河流与湖泊。繁殖期成对活动，其余时间常集大群。主要以软体动物、甲壳类、水生昆虫、昆虫幼虫等小型无脊椎动物为食，也吃部分植物的嫩芽和种子与果实。繁殖期为 6~8 月。在冻原山地和低山丘陵及海边的地面营简陋的地面巢，内垫以干草和苔藓。每窝产卵通常 4 枚。早成鸟。

分布 迁徙时见于国内东部沿海各省及青海和湖北。卤阳湖见于盐田中。

现状 在卤阳湖偶见于 4~5 月和 9 月的迁徙期。仅记录到 3 次，分别为 2014 年 4 月的 98 只、2015 年 5 月的 9 只和 2017 年 9 月的 2 只。为陕西省鸟类新记录。

居留型 旅鸟。

保护级别 有重要生态、科学、社会价值的陆生野生动物。

幼鸟 / 邓郁 摄

78. 三趾滨鹬

英文名 Sanderling

学名 *Calidris alba*

主要特征 体长约 20cm。繁殖期额基、颏、喉、下胸部、腹部白色，上体赤褐色具黑色纵纹，肩羽具白色羽缘，尾中央黑色，胸部棕红色间有深色纵纹。非繁殖期上体浅灰色，具白色羽缘，头顶和枕部杂有黑色纵纹，肩部黑色斑块显著，尾中央黑色，下体白色。虹膜黑褐色；嘴黑色，尖端微向下弯曲；腿和脚褐黑色，后趾缺失。

生活习性 繁殖期栖息于北极冻原、海岸和湖泊。非繁殖期栖息于海边、湖泊及沼泽等湿地。繁殖期成对活动，其余时间常集小群。主要以甲壳类、软体动物以及昆虫和幼虫等小型无脊椎动物为食，有时也吃少量植物种子。繁殖期为 6~8 月。在北极苔原湖泊、海岸边遍布苔藓的地面凹坑处营简陋的地面巢，内垫以苔藓和干草等。每窝产卵 4 枚。孵化期为 23~24d。早成鸟。

分布 国内除黑龙江、内蒙古、云南和四川外各省均有分布。卤阳湖见于盐田中。

现状 数量稀少。在卤阳湖仅 2019 年 8~9 月的迁徙期见到 1 只。

居留型 旅鸟。

保护级别 有重要生态、科学、社会价值的陆生野生动物。

幼鸟 / 万勇 摄

79. 红颈滨鹬

非繁殖羽 / 臧晓博　摄

英文名　Red-necked Stint

学名　*Calidris ruficollis*

主要特征　体长约 15cm。繁殖期上体红褐色，头顶、后颈及颈侧具褐色细纵纹，背部褐色染棕红色，羽缘白色，脸和上胸红褐色，下胸、腹部及尾下覆羽白色。非繁殖期红褐色消失，眉纹白色，上体灰褐色，多具杂斑及纵纹，下体白色。虹膜褐色，嘴黑色，腿和脚黑色。

生活习性　繁殖期栖息于冻原地带芦苇沼泽、海岸、湖滨和苔原地带。非繁殖期栖息于海边、湖泊及沼泽等湿地环境。繁殖期成对活动，其余时间常集群。主要以水生昆虫、昆虫幼虫、蠕虫、甲壳类和软体动物等小型无脊椎动物为食。繁殖期为 6~8 月。在苔原草本植物丛中营简单的地面巢。每窝通常产卵 4 枚。早成鸟。

分布　国内广泛分布于各省。卤阳湖主要见于盐田中。

现状　在卤阳湖主要见于 4~5 月和 8~10 月的迁徙期，数量较少。最大种群数量为 26 只，出现在 2017 年 10 月。

居留型　旅鸟。

保护级别　有重要生态、科学、社会价值的陆生野生动物。

幼鸟 / 高学斌　摄

80. 青脚滨鹬

英文名 Temminck's Stint

学名 *Calidris temminckii*

幼鸟 / 高学斌 摄

主要特征 体长约14cm。繁殖期眉纹白色，上体、脸颊至胸部黄褐色，并有黑褐色纵纹，背和肩羽有黑褐色斑及棕色和灰色的羽缘，下体白色，外侧尾羽纯白。非繁殖期上体灰褐色，胸部淡灰色，其余下体白色。与其他滨鹬区别在于外侧尾羽纯白。虹膜呈褐色，嘴黑色，腿和脚偏绿或近黄色。

生活习性 繁殖期栖息于北极苔原地区，迁徙期栖息于内陆湖边、水田和河流附近的沼泽地等地带。繁殖期成对活动，其余时间常集小群。主要以水生昆虫、甲壳动物、蠕虫等小型无脊椎动物为食。繁殖期为5~7月。在水域附近营简陋的地面巢，内以少量干草铺垫。每窝产卵4枚，孵化期为21d。早成鸟。

分布 国内广泛分布于各省。卤阳湖见于盐田或湖边。

现状 在卤阳湖主要见于4~5月和9~10月的迁徙期，数量较少。最大种群数量为30只，出现在2014年4月。

居留型 旅鸟。

保护级别 有重要生态、科学、社会价值的陆生野生动物。

非繁殖羽 / 臧晓博 摄

81. 长趾滨鹬

英文名 Long-toed Stint

学名 *Calidris subminuta*

主要特征 体长约 14cm。繁殖期眉纹白色，上体棕褐色，头顶、后颈、颈侧、胸部浅褐色，具黑色纵纹，背部及两翼遍布黑褐色斑块，羽缘棕色，腹部白色，外侧尾羽白色。飞行时背部形成 1 个白色“V”形。非繁殖期上体较浅淡，胸侧和两胁淡棕褐色褪去。虹膜深褐色；嘴黑色，下嘴基部黄绿色；腿和脚绿黄色。

生活习性 栖息于沿海或内陆淡水与盐水湖泊、河流、水塘和泽沼地带。繁殖期成对活动，其余时间常集小群。主要以水生昆虫、昆虫幼虫、软体动物等小型无脊椎动物为食，有时也吃小鱼和少量植物种子。繁殖期为 6~8 月。在水域附近植物丛中、沼泽地中的土丘上和地势较高的干燥地上营简单的地面巢。每窝产卵 4 枚。早成鸟。

分布 国内广泛分布于各省。卤阳湖主要见于盐田中。

现状 在卤阳湖主要见于 4~5 月和 7~10 月的迁徙期，6 月偶见，数量较多。最大种群数量为 303 只，出现在 2016 年 5 月。

居留型 旅鸟。

保护级别 有重要生态、科学、社会价值的陆生野生动物。

繁殖羽 / 高学斌 摄

繁殖羽 / 高学斌 摄

换羽期 / 高学斌 摄

82. 尖尾滨鹬

英文名 Sharp-tailed Sandpiper

学名 *Calidris acuminata*

主要特征 体长约 19cm。繁殖期头顶棕红色显著，眉纹浅，脸及颈部棕白，深色纵纹密布，上体黑褐色，具棕红色和白色的羽缘，上胸皮黄具深色点斑，向下至上腹则变为"V"状斑纹，尾中央黑色，两侧白色。非繁殖期头顶浅栗色，颊、颈及胸部仅具浅的不明显的纵纹。虹膜褐色；嘴黑色略下弯，下嘴基部黄褐色；腿和脚偏黄至绿色。

生活习性 繁殖期栖息于西伯利亚冻原平原地带，非繁殖期栖息于海岸，河口以及附近的低草地和农田地带。繁殖期成对活动，其余时间常集小群。主要以水生昆虫、昆虫幼虫、甲壳类、软体动物等小型无脊椎动物为食，有时也吃植物种子。繁殖期为 6~8 月。巢多置于湿地周围草丛凹坑内，内铺垫少量树叶。每窝产卵 4 枚。早成鸟。

分布 国内广泛分布于除四川、贵州、重庆和宁夏外的各个省份。卤阳湖主要见于盐田中。

现状 在卤阳湖主要见于 7~10 月的迁徙期，数量较少。最大种群数量为 54 只，出现在 2015 年 9 月，为陕西省鸟类新记录。

居留型 旅鸟。

保护级别 有重要生态、科学、社会价值的陆生野生动物。

83. 阔嘴鹬

英文名 Broad-billed Sandpiper

学名 *Calidris falcinellus*

主要特征 体长约 17cm。嘴前端略微向下弯曲，白色眉纹在前额处分为 2 道。繁殖期头顶黑褐色，腰及尾上覆羽黑色而两侧白色，背红褐色，具浅色羽缘，颊、颈及胸部具斑点和纵纹，下体白色。非繁殖期羽色上体淡褐灰色，下体纵纹变淡且减少。虹膜褐色，嘴黑色，腿和脚绿色至褐色。

生活习性 繁殖期栖息于冻原和冻原森林地带中的湖泊、河流、水塘和芦苇沼泽岸边与草地上。非繁殖期栖息于海岸、河口以及附近的沼泽和湿地。仅迁徙期间有时伸入到内陆湖泊与河流地带。繁殖期成对活动，其余时间常集小群。主要以甲壳类、软体动物、环节动物、水生昆虫和昆虫幼虫等小型无脊椎动物为食，偶尔也吃植物的种子等植物性食物。繁殖期为 6~7 月。在离水域不远的草地凹坑内营简陋的地面巢，内垫有少量干草和树叶。每窝产卵 4 枚。早成鸟。

分布 国内广泛分布于除新疆、西藏、宁夏、山西、甘肃、四川、重庆、贵州、安徽、湖北、湖南和云南外的各个省份。卤阳湖主要见于盐田中。

现状 在卤阳湖偶见于8~9月的迁徙期，数量稀少。仅2014年和2019年记录到，数量皆为1只。为陕西省鸟类新记录。

居留型 旅鸟。

保护级别 国家 II 级重点保护野生动物。

换羽期 / 臧晓博 摄

84. 流苏鹬

英文名 Ruff

学名 *Calidris pugnax*

雄鸟 换羽期（白色型）/ 高学斌 摄

主要特征 雄鸟体长约 28cm，雌鸟体长约 23cm；雌鸟体型明显小于雄鸟。繁殖期雄鸟头部有可立起的冠羽，颈部蓬松的流苏状饰羽，色彩多样，有棕、黑及白色等，且脸部裸皮橙色，嘴多为橙红色；亦有外形似雌鸟的一类雄鸟，脸部无裸皮，嘴黑褐色；雌鸟上体黑色，具浅色羽缘，胸及两胁遍布黑色斑点。非繁殖期雌雄羽色相近，整体颜色较繁殖期偏淡。头及颈浅灰褐色，喉部灰白，上体深褐色，羽缘色浅，下体白色，颊、颈及胸部常具少许浅褐色斑。幼鸟脸至腹部为皮黄色，腿和脚为黄绿色。虹膜褐色；嘴多为黑褐色，或嘴基橙黄色，雄鸟繁殖期嘴多为橙红色；腿和脚多色，或黄或粉或为橙色。

生活习性 繁殖期栖息于冻原和平原草地上的湖泊与河流岸边，及附近的沼泽和湿草地上。非繁殖期栖息于草地、稻田、耕地、河流、湖泊、河口、水塘、沼泽，以及海岸水塘岸边和附近沼泽与湿地上。繁殖期单独或结小群活动，其余时间常集群。主要以甲虫、蟋蟀、蚯蚓等小型无脊椎动物为食，有时也吃少量植物种子。繁殖期为 5~8 月。在沼泽湿地和水域岸边营简陋的地面巢，内铺垫少量干草树叶。每窝产卵为 4 枚。孵化期为 20~21d。早成鸟。

分布 国内广泛分布于除辽宁、河南、甘肃、宁夏、四川、重庆、贵州、安徽、广西和澳门外的各个省份。卤阳湖主要见于盐田中。

现状 在卤阳湖见于 4~5 月和 7~10 月的迁徙期，数量较少。仅在 2014 年 8~9 月记录到过百只的种群。

居留型 旅鸟。

保护级别 有重要生态、科学、社会价值的陆生野生动物。

非繁殖羽 / 高学斌 摄

85. 弯嘴滨鹬

英文名 Curlew Sandpiper

学名 *Calidris ferruginea*

主要特征 体长约21cm。有长而明显下弯的嘴，眉纹白色。繁殖期头和下体深栗色，上体黑褐色，具暗栗色和白色的羽缘。非繁殖期羽色浅淡，上体灰褐色，下体白色，颈侧和前胸具浅褐色细纹。飞行时白色的腰及翼带明显。虹膜褐色，嘴黑色，腿和脚黑色。

生活习性 繁殖期栖息于西伯利亚北部海岸冻原地带。非繁殖期则栖息于海岸、湖泊、河流、海湾、河口和附近沼泽地带。繁殖期成对活动，其余时间常集群。主要以甲壳类、软体动物、蠕虫和水生昆虫等小型无脊椎动物为食。繁殖期为6~7月。在湿地周围地面的浅坑内营地面巢，内铺垫少量干草树叶。每窝产卵通常4枚。早成鸟。

分布 广泛分布于除贵州外的各省。卤阳湖主要见于盐田中。

现状 在卤阳湖见于4~5月和7~11月的迁徙期，数量较少。最大种群数量为57只，出现在2015年7月。

居留型 旅鸟。

保护级别 有重要生态、科学、社会价值的陆生野生动物。

幼鸟 / 高学斌 摄

换羽期 / 臧晓博 摄

换羽期 / 廖小青 摄

86. 黑腹滨鹬

英文名 Dunlin

学名 *Calidris alpina*

主要特征 体长约 19cm。有较长的黑色嘴，近端部下弯，眉纹白色。繁殖期背浅栗色，缀以小的黑色斑块，羽缘白色，颈侧和上胸具细的黑色纵纹，腹中央黑色，呈大块黑斑。非繁殖期上体浅灰褐色，下体白色。飞行时可见明显的白色翼带，尾中央黑而两侧白色。虹膜褐色，嘴黑色，腿和脚灰黑色。

生活习性 栖息于湖泊、河流、水塘、河口等水域岸边。繁殖期成对活动，其余时间常集大群。主要以甲壳类、软体动物、蠕虫、水生昆虫、昆虫幼虫等小型无脊椎动物为食。繁殖期为 5~8 月。在苔原沼泽和湖泊岸边苔藓地上和草丛中营简陋的地面巢，内垫以少许干草和树叶。每窝产卵 4 枚。孵化期为 21~22d。早成鸟。

分布 国内广泛分布于除河南、山西、甘肃、宁夏、贵州和西藏外的各个省份。卤阳湖见于盐田中。

现状 在卤阳湖仅见于 2014 年 7 月，数量 26 只。

居留型 旅鸟。

保护级别 有重要生态、科学、社会价值的陆生野生动物。

非繁殖羽 / 高学斌 摄

非繁殖羽 / 高学斌 摄

非繁殖羽 / 高学斌 摄

87. 红颈瓣蹼鹬

英文名 Red-necked Phalarope

学名 *Phalaropus lobatus*

非繁殖羽 / 高学斌 摄

主要特征 体长约 18cm。繁殖期雌鸟上体灰黑色，眼上具 1 个小的白色斑块，眼后、颈侧及上胸为 1 条连续的栗红色环带，背及肩部具 4 条橙色带，喉部白色，胸侧及两胁灰色；雄鸟色彩不及雌鸟艳丽，上体灰褐色，颈侧环带面积小而呈棕红色，肩背部条纹棕黄色。非繁殖期上体浅灰色，羽缘白色，亦有残留的栗色，头顶灰黑色，眼后具 1 处深色条状斑，飞羽及尾色深，下体白色。飞行时深色腰部及白色翼带明显。虹膜褐色，嘴黑色，腿和脚黑灰色，趾具瓣蹼。

生活习性 繁殖期栖息于北极苔原和森林苔原地带的内陆淡水湖泊和水塘岸边及沼泽地上。非繁殖期常栖息和活动于近海的浅水处，偶尔也活动于大的内陆湖泊、河流、水库、沼泽及河口地带，擅游泳。繁殖期成对活动，其余时间常集大群。主要以水生昆虫、昆虫幼虫、甲壳类和软体动物等小型无脊椎动物为食。繁殖期为 6~8 月。在湖泊和水塘附近的草地或土丘上营简陋的地面巢，内垫以少许干草和树叶。每窝产卵 3~6 枚。孵化期为 18~20d。早成鸟。

分布 国内广泛分布于除山西、甘肃、内蒙古、宁夏、贵州、安徽、湖南和重庆外的各个省份。卤阳湖主要见于盐度值较低的盐田或淡水池塘中。

现状 数量稀少。在卤阳湖偶见于 4 月和 8~9 月的迁徙期，仅 1~3 只。为陕西省鸟类新记录。

居留型 旅鸟。

保护级别 有重要生态、科学、社会价值的陆生野生动物。

幼鸟 / 张小勇 摄

（十五）燕鸻科 Glareolidae

88. 普通燕鸻

英文名 Oriental Pratincole

学名 *Glareola maldivarum*

主要特征 体长约 25cm。繁殖期头顶灰褐色，喉皮黄色具黑色边缘，颈部至背部棕褐色，两翼及尾黑色，前胸淡棕色，腹部灰白色，尾下覆羽白色，尾黑色，基部及外缘白色，叉形尾。非繁殖期喉部淡褐色，黑色边缘色变浅。虹膜深褐色；嘴黑色，繁殖期嘴基赤红色；腿和脚深褐色。

生活习性 栖息于开阔平原地区的湖泊、河流、水塘、农田、耕地和沼泽地带，及其附近的沙地和草地上。常集群活动。主要以金龟甲、蚱蜢、蝗虫等昆虫为食，也吃甲壳类等小型无脊椎动物。繁殖期为 5~7 月。在河流、湖泊岸边或附近沙土地营简陋的地面巢，内常无巢材。1 年繁殖 1 窝，每窝产卵 2~4 枚。孵化期为 18~22d。早成鸟。

分布 国内广泛分布于除新疆和贵州外的各省。卤阳湖主要见于废弃且干涸的盐田和草地中。

现状 在卤阳湖主要见于 4~9 月，数量较多。最大种群数量为 368 只，出现在 2017 年 8 月。

居留型 夏候鸟。

保护级别 有重要生态、科学、社会价值的陆生野生动物。

繁殖羽 / 高学斌 摄

繁殖羽 / 高学斌 摄

繁殖羽 / 高学斌 摄

（十六）鸥科 Laridae

89. 棕头鸥

繁殖羽 / 臧晓博 摄

英文名 Brown-headed Gull

学名 *Chroicocephalus brunnicephalus*

主要特征 体长约 42cm。繁殖期头部为棕褐色，背部和两翼浅灰色，翼尖黑色，其余部位白色。非繁殖期头部白色，耳后具褐色斑。飞行时初级飞羽近端部具 1 处白色斑块，区别于红嘴鸥。虹膜淡黄色，嘴深红色，腿和脚红色。第一年冬羽似成鸟，但嘴黄色且尖端黑色，两翼上羽色斑驳，翼尖无白斑，尾端部黑色。

生活习性 栖息于内陆的湖泊、河流、沼泽、池塘和海岸等湿地环境。通常集群活动。主要以鱼类、昆虫、甲壳类和软体动物等动物性食物为食。繁殖期为 3~5 月。以干草和枯枝在水边沙石滩上营简陋的地面巢。1 年繁殖 1 窝，每窝产卵 3~4 枚。孵化期为 24~26d。早成鸟。

分布 国内分布于北京、天津、河北、山东、陕西、内蒙古、甘肃、新疆、西藏、青海、云南、四川、浙江和香港。卤阳湖主要见于湖泊。

现状 3~4 月在卤阳湖偶见，数量稀少。仅在 2015 年 4 月和 2020 年 3 月分别记录到 1 只。

居留型 旅鸟。

保护级别 有重要生态、科学、社会价值的陆生野生动物。

非繁殖羽 / 臧晓博 摄

90. 红嘴鸥

繁殖羽 / 臧晓博　摄

英文名　Black-headed Gull

学名　*Chroicocephalus ridibundus*

主要特征　体长约37cm。繁殖期头部为深褐色，背部和两翼浅灰色，翼尖黑色，尾部白色。非繁殖期头部白色，耳后具黑色斑。飞行时初级飞羽翼前缘白色，无白斑。虹膜褐色，嘴红色，腿和脚红色。第一年冬羽似成鸟，但嘴色黄，端部黑，背部及两翼斑驳，尾端部黑色，腿和脚较成鸟色浅。

生活习性　栖息于湖泊、河流、沼泽、池塘和海岸等湿地环境。通常集群活动。主要以昆虫、甲壳类、鱼、虾和软体动物等动物性食物为食。繁殖期为3~4月。以干草和枯枝在水边草丛中营简陋的地面巢。1 年繁殖 1 窝，每窝产卵 3 枚。孵化期为 24~26d。早成鸟。

分布　国内分布于各省区。卤阳湖主要见于湖泊。

现状　3 月、5 月和 8~12 月在卤阳湖可见，数量稀少。最大种群数量为 9 只，出现在 2016 年 10 月和 2017 年 5 月。

居留型　旅鸟。

保护级别　有重要生态、科学、社会价值的陆生野生动物。

非繁殖羽 / 高学斌　摄

非繁殖羽 / 高学斌　摄

亚成体 / 高学斌　摄

繁殖羽 / 臧晓博　摄

亚成体 / 高学斌　摄

91. 西伯利亚银鸥

英文名 Siberian Gull

学名 *Larus smithsonianus*

主要特征 体长约 62cm。成鸟体色为灰白色。繁殖期头部和颈部为纯白色，背部和两翼蓝灰色，翼尖黑色且具白斑，尾部白色。非繁殖期羽色似繁殖期，但头部和后颈白色，或具深灰色纵纹。虹膜浅黄色，嘴黄色且下缘具红色斑点，腿和脚粉红色。第一年冬羽，浅灰褐色，背部和两翼颜色较深且斑驳，尾端部黑褐色，嘴黑色。第二年冬羽，较第一年冬颜色略浅，背部羽色为灰色夹杂褐色斑纹，尾端部黑色，嘴粉色，端部黑色。第三年冬羽，体色较淡已接近成鸟，背部及两翼基本变为灰色，尾白色，仅端部略有黑色，飞行时翼尖具 1 处小的白色斑块，嘴黄色，端部黑色。

生活习性 栖息于沿海海岸、河口，以及内陆的湖泊、河流、池塘等湿地环境，通常集群活动。主要以鱼、虾、昆虫、甲壳类和软体动物等动物性食物为食。繁殖期为 4~7 月。以干草和枯枝在水边沙土地上营简陋的地面巢。1 年繁殖 1 窝，每窝产卵 2~3 枚。孵化期为 25~27d。早成鸟。

分布 国内分布于除西藏和青海外的其他省区。卤阳湖主要见于湖泊。

现状 数量稀少。9~10 月和 12 月在卤阳湖偶见，仅 1~3 只。

居留型 旅鸟。

保护级别 无。

非繁殖羽 / 高学斌 摄

非繁殖羽 / 高学斌 摄

非繁殖羽 / 高学斌 摄

92. 鸥嘴噪鸥

繁殖羽 / 肖红 摄

英文名 Gull-billed Tern

学名 *Gelochelidon nilotica*

主要特征 体长约 39cm。成鸟体色为灰白色。繁殖期头顶黑色，胸部和腹部白色，背部及两翼灰色，尾部白色且分叉。非繁殖期头顶白色，眼部具黑色斑块，后颈及背部具深色斑。虹膜褐色，嘴黑色，腿和脚黑色。幼鸟似非繁殖期成鸟，但头部及枕部具褐色斑，背部及两翼具灰褐色鳞状纹。

生活习性 栖息于湖泊、河流、沼泽、池塘和海岸等湿地环境。通常成对或集小群活动。主要以鱼、虾、昆虫和软体动物等动物性食物为食。繁殖期为 5~7 月。在水边沙土地上挖 1 个浅坑，营简陋的地面巢，内垫少量干草。1 年繁殖 1 窝，每窝产卵 3 枚。孵化期为 22~23d。早成鸟。

分布 国内分布于辽宁、内蒙古、新疆、北京、天津、河北、山东、河南、陕西、云南、江苏、上海、浙江、福建、广东、香港、澳门、广西、海南和台湾。卤阳湖主要见于湖泊。

现状 数量稀少。在卤阳湖仅 2014 年 9 月观测到 1 只。

居留型 旅鸟。

保护级别 有重要生态、科学、社会价值的陆生野生动物。

繁殖羽 / 臧晓博 摄

繁殖羽 / 肖红 摄

93. 白额燕鸥

英文名 Little Tern

学名 *Sternula albifrons*

幼鸟 / 臧晓博 摄

主要特征 体长约 24cm。成鸟体色为灰白色。繁殖期额部白色，头顶、后颈及贯眼纹黑色，背部及两翼浅灰色，尾部白色且分叉，嘴黄色且尖端黑色，腿和脚橘黄色。非繁殖期羽色似繁殖期，头部仅枕部和贯眼纹黑褐色，嘴黑色且基部黄色，腿和脚黄褐色。虹膜褐色。幼鸟似非繁殖期成鸟，头顶和上背具黑褐色斑纹，尾端部褐色，嘴黑色、基部黄色。

生活习性 栖息于湖泊、河流、沼泽、池塘和海岸等湿地环境。通常成对或集小群活动。主要以鱼虾、昆虫和软体动物等动物性食物为食。繁殖期为 5~7 月。在河滩沙土地上挖 1 个浅坑，营简陋的地面巢，内有时垫少量干草或枯枝。1 年繁殖 1 窝，每窝产卵 2~3 枚。孵化期为 20~22d。早成鸟。

分布 国内分布于除西藏和广西外的其他省区。卤阳湖主要见于湖泊。

现状 5~8 月在卤阳湖可见，数量稀少。最大种群数量为 8 只，出现在 2014 年 6 月。

居留型 夏候鸟。

保护级别 有重要生态、科学、社会价值的陆生野生动物。

繁殖羽 / 臧晓博 摄

94. 普通燕鸥

英文名 Common Tern

学名 *Sterna hirundo*

主要特征 体长约35cm。成鸟体色为灰白色。繁殖期头顶为黑色，胸部、背部及两翼为灰色，尾部白色且分叉，嘴红色且端部黑色或为全黑。非繁殖期羽色似繁殖期但前额白色，头顶及枕部黑色，嘴黑色。虹膜褐色，腿和脚红色。幼鸟上体羽色为灰褐色，前额白色，枕部黑色，背部及两翼具灰黑色鳞状纹，尾端部褐色，嘴黑色，基部橘黄色。

生活习性 栖息于湖泊、河流、沼泽、池塘和海岸等湿地环境。常集群活动。主要以鱼、虾、昆虫等动物性食物为食。繁殖期为5~7月。在河滩沙土地上挖1个浅坑，营简陋的地面巢，内有时垫少量干草或枯枝。1年繁殖1窝，每窝产卵2~5枚。孵化期为20~24d。早成鸟。

分布 国内分布于除安徽、湖南、云南、重庆和澳门外的其他省区。卤阳湖主要见于湖泊。

现状 4~9月在卤阳湖可见，数量较多。最大种群数量为282只，出现在2019年7月。

居留型 夏候鸟。

保护级别 有重要生态、科学、社会价值的陆生野生动物。

幼鸟 / 臧晓博 摄

繁殖羽 / 陈永锡 摄

繁殖羽 / 臧晓博 摄

繁殖羽 / 臧晓博 摄

95. 灰翅浮鸥

繁殖羽 / 杨晓菁 摄

英文名 Whiskered Tern

学名 *Chlidonias hybrida*

主要特征 体长约 25cm。成鸟体色为灰白色。繁殖期头顶黑色，背部和两翼灰色，胸部、腹部灰黑色，尾部白色且略微分叉，嘴红色。非繁殖期头顶具黑色细纹，前额白色，枕部和后颈黑色，胸部和腹部白色，嘴黑色。虹膜褐色，腿和脚红色。幼鸟似非繁殖期成鸟，但背部具灰褐色杂斑，头顶黑色。

生活习性 栖息于湖泊、河流、沼泽、池塘和海岸等湿地环境。通常集群活动。主要以鱼、虾、水生昆虫和软体动物等动物性食物为食。繁殖期为 5~7 月。以芦苇、蒲草和藻类等水草在水生植物上营浮巢。1 年繁殖 1 窝，每窝产卵 3 枚。孵化期为 20~22d。早成鸟。

分布 国内分布于除西藏和贵州外的其他省区。卤阳湖主要见于湖泊。

现状 3~5 月和 8~9 月在卤阳湖可见，数量稀少。最大种群数量为 12 只，出现在 2015 年 5 月。

居留型 旅鸟。

保护级别 有重要生态、科学、社会价值的陆生野生动物。

换羽期 / 臧晓博 摄

十、鲣鸟目 SULIFORMES

（十七）鸬鹚科 Phalacrocoracidae

96. 普通鸬鹚

非繁殖羽 / 高学斌 摄

英文名 Great Cormorant

学名 *Phalacrocorax carbo*

主要特征 体长约 90cm。体色为黑褐色。繁殖期颊部、喉部及胁部具白色丝状羽。非繁殖期羽色略暗淡。虹膜蓝绿色，嘴灰白色而基部黄色，脚黑色。亚成鸟深褐色，喉部、前颈及胸腹部灰白色。

生活习性 栖息于湖泊、河流、水库和沼泽等湿地环境。通常集群活动。主要以各种鱼类为食。繁殖期为 4~6 月。以干草和枯枝在水边树枝上做巢，也在水边岩石和湖心岛的地面上营巢。1 年繁殖 1 窝，每窝产卵 3~5 枚。孵化期为 28~30d。晚成鸟。

分布 国内见于各省区。卤阳湖主要见于湖泊。

现状 3 月和 9~11 月迁徙期在卤阳湖可见，12 月偶见，数量较少。最大种群数量为 24 只，出现在 2017 年 11 月。

居留型 旅鸟。

保护级别 有重要生态、科学、社会价值的陆生野生动物。

亚成体 / 高学斌 摄

十一、鹈形目 PELECANIFORMES

（十八）鹮科 Threskiornithidae

97. 白琵鹭

非繁殖羽 / 高学斌　摄

英文名　Eurasian Spoonbill

学名　*Platalea leucorodia*

主要特征　体长约 84cm。嘴长灰黑色且呈琵琶形，端部呈黄色，眼先至嘴基部有黑色线，身体余部羽毛为白色。繁殖期具橙黄色丝状冠羽，前颈下部具橙黄色环带。非繁殖期冠羽和颈部橙黄色褪去。虹膜暗黄色；嘴黑色，嘴端黄色；腿和脚黑色。

生活习性　栖息于开阔平原和山地丘陵地区的河流、湖泊、水库岸边及浅水处等各类湿地生境。常成群活动。主要以水生昆虫、蠕虫、甲壳类、软体动物、蛙、蜥蜴、小鱼等动物为食，偶尔也吃少量植物性食物。繁殖期为 5~7 月。营巢于干旱的芦苇丛、树上和灌丛，有时也营巢于地上，以树枝、草茎和草叶筑盘状巢。每窝产卵通常 3~4 枚。孵化期为 24~25d。晚成鸟。

分布　国内广泛分布于各省。卤阳湖主要见于湖泊。

现状　卤阳湖偶见于9~11 月的迁徙期，数量较少。最大种群数量为 16 只，出现在 2018 年 10 月。

居留型　旅鸟。

保护级别　国家 II 级重点保护野生动物。

张小勇　摄

（十九）鹭科 Ardeidae

98. 大麻鳽

英文名 Eurasian Bittern

学名 Botaurus stellaris

主要特征 体长约 75cm。为身体呈淡金褐色带黑色斑点的鳽。顶冠黑色，喉部灰白色，颊纹黑色，头侧黄褐色，其余体羽黄褐色且多具黑色纵纹或杂斑。飞行时具褐色横斑的飞羽，与黄色的覆羽及背部成明显对比。虹膜黄色，嘴黄绿色，腿和脚绿黄色。

生活习性 栖息于山地丘陵和山脚平原地带的河流、湖泊和池塘边的芦苇丛和灌丛。繁殖期成对活动，其余时间多单独活动。主要以鱼、虾、蛙、蟹、螺和水生昆虫等动物性食物为食。繁殖期为 5~7 月。营巢于沼泽或水边芦苇丛和草丛中，以草茎和草叶筑盘状巢。每窝产卵 4~6 枚。孵化期为 25~26d。晚成鸟。

分布 国内广泛分布除西藏和青海之外的各省。卤阳湖主要见于天骄湖边的浅滩和附近部分沟渠。

现状 在卤阳湖偶见于 9 月，数量稀少。仅在 2015 年见到过 1 只。

居留型 冬候鸟。

保护级别 有重要生态、科学、社会价值的陆生野生动物。

张小勇 摄

臧晓博 摄

臧晓博 摄

99. 黄斑苇鳽

亚成体 / 陈永锡　摄

英文名　Yellow Bittern

学名　*Ixobrychus sinensis*

主要特征　体长30~37cm。眼周裸露皮肤黄绿色。雄鸟头顶、枕部以及翼的飞羽和尾羽黑色，其余上体黄褐色，下体皮黄色；雌鸟与雄鸟相似，头顶具黑色纵纹，背部具暗褐色纵纹，上体淡棕褐色，颈和胸部具淡黄褐色纵纹。亚成鸟色具黑褐色或黄褐色纵纹。虹膜黄色；嘴黄褐色，嘴峰黑褐色；腿和脚黄绿色。

生活习性　栖息于平原和低山地带的湿地浅水区。繁殖期成对活动，其余时间多单独活动。主要以鱼类、虾、蛙类和水生昆虫等为食。繁殖期为5~7月。以芦苇茎叶等在浅水区的芦苇丛和蒲草丛中筑盘状巢。每窝产卵4~7枚。孵化期为20d。晚成鸟。

分布　国内除青海、新疆和西藏外各省均有分布。卤阳湖主要分布于湖边和沟渠边。

现状　卤阳湖9月偶见，数量稀少。仅2019年和2020年分别记录到1只。

居留型　夏候鸟。

保护级别　有重要生态、科学、社会价值的陆生野生动物。

雄鸟 / 李巨勇　摄

雌鸟 / 李明璞　摄

雌鸟 / 臧晓博　摄

100. 栗苇鳽

英文名 Cinnamon Bittern

学名 *Ixobrychus cinnamomeus*

主要特征 体长约 41cm。雄鸟头顶、颈部、背部至尾部均为栗褐色，喉部至胸具 1 条黑色纵纹，胸侧具少量黑色纵纹；雌鸟整体羽色更暗，背部深栗褐色羽毛杂有白色点斑，喉部至胸有数条黑褐色纵纹。亚成鸟似雌鸟，但褐色更浓，上体斑点更多，下体深色条纹更显著。虹膜黄色；嘴黄褐色至橙红色，嘴峰黑褐色；腿和脚黄绿色。

雌鸟 / 杨亚桥 摄

生活习性 栖息于芦苇沼泽、水塘、溪流、水稻田和附近小灌木上。繁殖期成对活动，其余时间多单独活动。多在晨昏和夜间活动。主要以小型鱼类、甲壳类、两栖类以及各类昆虫等动物为食，有时也吃少量植物性食物。繁殖期为 4~7 月。营巢于水边的芦苇丛和灌丛中，由草茎、草叶和树枝等筑盘状巢。每窝产卵 3~6 枚。孵化期为 15~18d。晚成鸟。

分布 国内除黑龙江、吉林、甘肃、青海、西藏、新疆、宁夏、天津和重庆外各省均有分布。卤阳湖见于沟渠边芦苇丛。

现状 数量稀少。仅于 2012 年 7 月在卤阳湖见到 1 只。

居留型 夏候鸟。

保护级别 有重要生态、科学、社会价值的陆生野生动物。

雄鸟 / 林清贤 摄

105. 草鹭

英文名 Purple Heron

学名 *Ardea purpurea*

主要特征 体长约 90cm。眼先裸露皮肤黄绿色，额、头顶、枕直至后颈基部具 1 条蓝黑色纵纹，冠羽黑褐色，其余头部栗棕色，嘴后 1 道蓝黑色条纹与后颈的纵纹相连，颈部栗棕色，颈侧亦具蓝黑色纵纹，背部灰色，肩部栗棕色，飞羽黑色，颏、喉白色，胸部及上腹部棕栗色和蓝黑色相间，下腹部蓝黑色。繁殖期两肩、下背及前颈基部生有灰白色丝状饰羽。亚成鸟体色较淡，上体暗褐色，颈及胸部具暗褐色纵纹。虹膜黄色；嘴暗黄色，嘴峰深褐色；腿和脚后缘黄色，前缘赤褐色。

生活习性 栖息于开阔平原和低山地带的湿地边。常单独或集小群活动。主要以小型鱼类、虾、蜥蜴、蛙和昆虫等动物为食。繁殖期为 5~7 月。常集群筑巢，以芦苇茎叶等在水边的芦苇和蒲草中筑盘状巢。每窝产卵 4~5 枚。孵化期为 25~27d。晚成鸟。

分布 国内除新疆、西藏和青海外各省均有分布。卤阳湖见于湖泊边浅滩。

现状 数量稀少。仅 2013 年 9 月在卤阳湖见到 1 只。

居留型 旅鸟。

保护级别 陕西省重点保护野生动物。

亚成体 / 田宁朝 摄

亚成体 / 高学斌 摄

繁殖羽 / 夏川广 摄

106. 大白鹭

英文名 Great Egret

学名 *Ardea alba*

主要特征 体长约 95cm。体色为白色，颈、腿均甚长。繁殖期背部和前颈下部均生出长的蓑羽，脸颊裸露皮肤蓝绿色，嘴黑色，腿部略呈淡粉红色。非繁殖期脸颊裸露皮肤黄色，嘴黄色，腿部黑褐色。虹膜黄色，脚黑色。

生活习性 栖息于河流、湖泊和滨海的开阔的浅水区及其草地。常单独或集群活动。主要以昆虫、甲壳类、软体动物、鱼类、蛙类和蜥蜴等动物性食物为食。繁殖期为 4~7 月。用枯枝和干草在高大的树杈上或芦苇丛中做盘状巢。1 年繁殖 1 窝，每窝产卵 3~6 枚。孵化期为 25~26d。晚成鸟。

分布 国内分布于各省区。卤阳湖主要见于湖泊边和草地。

现状 除 6 月外其他月份在卤阳湖均可见到，数量较少。近年随着卤阳湖东区水域面积的扩大，种群数量逐渐增加。仅在 2018 年 10 月记录到 1 次过百只的种群，数量为 120 只。夏季偶见，未见其繁殖。

居留型 冬候鸟或旅鸟。

保护级别 陕西省重点保护野生动物。

非繁殖羽 / 高学斌 摄

非繁殖羽 / 高学斌 摄

非繁殖羽 / 高学斌 摄

107. 中白鹭

英文名 Intermediate Egret

学名 *Ardea intermedia*

主要特征 体长 70cm。体色为白色。繁殖期背部和前颈下部均生出长的蓑羽，脸部裸露皮肤黄色，嘴黑色。非繁殖期蓑羽缺失，嘴黄色，先端黑色。虹膜黄色，腿和脚黑色。

生活习性 栖息和活动于河流、湖泊等湿地的浅水区。常单独或集小群活动。主要以昆虫、甲壳类、软体动物、鱼类、蛙类和蜥蜴等动物性食物为食。繁殖期为 4~6 月。用枯枝和干草在树上、灌丛上或地面上筑盘状巢。1 年繁殖 1 窝，每窝产卵 3~5 枚。孵化期为 26~29d。晚成鸟。

分布 国内分布于辽宁、河北、北京、山东、河南南部、陕西、甘肃、西藏、四川、云南、贵州、湖南、安徽、江西、江苏、上海、浙江、福建、广东、香港、澳门、广西、海南和台湾。卤阳湖分布于湖岸边。

现状 数量稀少。在卤阳湖仅 2019 年 7 月见到 1 只。

居留型 旅鸟。

保护级别 陕西省重点保护野生动物。

换羽期 / 万勇 摄

108. 白鹭

英文名 Little Egret

学名 *Egretta garzetta*

非繁殖羽 / 高学斌 摄

主要特征 体长约 60cm。体色纯白色。繁殖期脸部裸露皮肤淡粉色，枕部具 2 条狭长的冠羽，肩和胸着生蓑羽。非繁殖期脸部裸露皮肤黄绿色，蓑羽消失。虹膜黄色；嘴黑色；腿和脚黑色，趾黄色。

生活习性 栖息于河川、海滨、沼泽地、水塘、鱼塘和水田等水域生境。常单独或集群活动。主要以小型鱼类、甲壳类、两栖爬行类以及各类昆虫等动物性食物为食。繁殖期为 3~7 月。营巢于高大树木、灌丛和芦苇中，常集群营巢，用树枝、草茎和草叶营盘状巢。每窝产卵 3~6 枚。孵化期为 25d。晚成鸟。

分布 国内分布于各省区。卤阳湖主要见于天骄湖和天卤湖边的浅滩及附近部分沟渠。

现状 在卤阳湖全年可见，数量较少，近年有上升趋势。最大种群数量为 38 只，出现在 2020 年 9 月。

居留型 留鸟。

保护级别 有重要生态、科学、社会价值的陆生野生动物。

繁殖羽 / 高学斌 摄

换羽期 / 陈永锡 摄

十二、鹰形目 ACCIPITRIFORMES

（二十）鹗科 Pandionidae

109. 鹗

张小勇　摄

英文名　Osprey

学名　Pandion haliaetus

主要特征　体长约55cm。翼指5枚。体色为褐色。头顶、前颈和腹部为白色，具棕褐色贯眼纹，后颈、背部、两翼及尾部黑褐色，胸部常具褐色斑块。虹膜黄色；嘴黑色，蜡膜灰色；脚亮灰色。

生活习性　栖息于湖泊、河流、沼泽和水库地区。通常单独或成对活动，迁徙期亦结小群。主要以鱼类等动物性食物为食，也吃蛙类、蜥蜴及小型鸟类。繁殖期为2~5月。以干草和枯枝在水边高大树冠、悬崖峭壁上营平台状巢。1年繁殖1窝，每窝产卵2~3枚。孵化期为32~40d。晚成鸟。

分布　国内分布于各省区。卤阳湖主要见于湖泊边高大树木上。

现状　3~5月和9~11月的春秋迁徙期在卤阳湖偶见，数量稀少。

居留型　旅鸟。

保护级别　国家Ⅱ级重点保护野生动物。

臧晓博　摄

（二十一）鹰科 Accipitridae

110. 白腹鹞

雄鸟 / 唐万玲　摄

英文名　Eastern Marsh Harrier

学名　*Circus spilonotus*

主要特征　体长约 50cm。翼指 5 枚。雄鸟有 3 种色型。第 1 种：头部和颈部黑色，背部及翼上具黑色斑块，胸部具细的黑色纵纹，腹部及翼下为白色，翼指黑色，尾部无纹；第 2 种：与第 1 种相似，但头部、颈部及胸部纵纹为灰褐色；第 3 种：体色为褐色，胸部及腹部具密的黑色纵纹，翼下具黑褐色横斑但不甚明显，中央尾羽为白色。雌鸟有 2 种色型。第 1 种：似第 3 种雄鸟，但无白色中央尾羽；第 2 种：体色为深褐色，胸部常具形状不一的白斑，具白色翅窗且尾部无纹。亚成鸟似第 2 种雌鸟，但头部及胸部白色较明显。虹膜雄鸟黄色，雌鸟浅褐色；嘴灰褐色；脚亮黄色。

亚成体 / 高学斌　摄

生活习性　栖息于丘陵、草原、沼泽、河岸草丛和平原的农田地区。通常单独或成对活动。主要以两栖爬行类、啮齿类、中小型鸟类和大型昆虫等动物性食物为食。繁殖期为 4~6 月。以干草和枯枝在地面芦苇或高草丛中营简陋的巢。1 年繁殖 1 窝，每窝产卵 3~5 枚。孵化期为 33~38d。晚成鸟。

分布　国内分布于各省区。卤阳湖主要见于草地和农田。

现状　4~5 月和 9~10 月的迁徙期在卤阳湖可见，数量稀少。

居留型　旅鸟。

保护级别　国家 II 级重点保护野生动物。

雌一型 / 唐万玲　摄

雄一型 / 唐万玲　摄

亚成体 / 万勇　摄

亚成体 / 万勇　摄

111. 白尾鹞

英文名 Hen Harrier

学名 *Circus cyaneus*

主要特征 体长约 50cm。翼指 5 枚。雄鸟体色为灰色，腹部、腰部及翼下为灰白色，翼指黑色，尾灰色；雌鸟体色为褐色，胸部及腹部具明显的深褐色纵纹，后腹部纵纹较细且稀疏，腰部白色，翼下黑褐色横纹明显。亚成鸟似雌鸟，但胸部及腹部颜色较深。虹膜浅褐色，嘴灰色，脚黄色。

生活习性 栖息于丘陵、草原、沼泽、河岸草丛和平原的农田地区。通常单独或成对活动。主要以两栖爬行类、啮齿类、中小型鸟类和大型昆虫等动物性食物为食。繁殖期为 4~6 月。以干草和枯枝在地面芦苇或高草丛中营简陋的巢。1 年繁殖 1 窝，每窝产卵 3~5 枚。孵化期为 33~38d。晚成鸟。

分布 国内分布于各省区。卤阳湖主要见于草地和农田。

现状 1~5月和8~10月在卤阳湖可见，数量稀少。

居留型 旅鸟或冬候鸟。

保护级别 国家 II 级重点保护野生动物。

雄鸟 / 臧晓博 摄

雌鸟 / 田宁朝 摄

雌鸟 / 杜靖华 摄

112. 鹊鹞

英文名 Pied Harrier

学名 *Circus melanoleucos*

主要特征 体长约45cm。翼指5枚。雄鸟体色为黑白相间，头部及颈部黑色，腹部、腰部及翼下白色，翼指所在的初级飞羽黑色，尾灰白色。飞行时可见背部黑色的三叉戟状纹。雌鸟体色为褐色，颈部及前胸具褐色纵纹，腹部及腰部纯白，翼下具不明显的黑色横斑。亚成鸟头部、颈部、胸腹及覆羽为红棕色，飞羽具不明显的黑色横纹，腰部白色，尾具横纹。虹膜黄色，嘴灰黑色，脚黄色。

生活习性 栖息于丘陵、草原、沼泽、河岸草丛和平原的农田地区。通常单独或成对活动。主要以两栖爬行类、啮齿类和中小型鸟类等动物性食物为食。繁殖期为4~6月。以干草在岸边芦苇丛中营简陋的地面巢。1年繁殖1窝，每窝产卵3~5枚。孵化期为33~38d。晚成鸟。

分布 国内分布于除宁夏、新疆、西藏、青海和海南外的各省区。卤阳湖主要见于草地和农田。

现状 4~5月和8~10月迁徙期在卤阳湖可见，数量稀少。

居留型 旅鸟。

保护级别 国家Ⅱ级重点保护野生动物。

雄鸟 / 齐晓光 摄

雄鸟 / 夏川广 摄

雌鸟 / 臧晓博 摄

113. 黑鸢

英文名 Black Kite

学名 *Milvus migrans*

主要特征 体长约 55cm。翼指 6 枚。雌雄同型。体色为褐色，具分叉的楔形尾。飞行时可见初级飞羽基部具白斑。亚成鸟似成鸟，但头部、上背部及胸腹部色浅，腹部具纵纹。虹膜红色；嘴灰色，蜡膜黄色；脚黄色。

生活习性 栖息于草原、山地、丘陵、河流、湖泊和平原的农田地区。通常单独或成对活动，迁徙期结群活动。主要以鱼类、小型鸟类和啮齿动物等动物性食物为食。繁殖期为 4~6 月。以枯枝和干草等在高大树冠上营平台状巢。1 年繁殖 1 窝，每窝产卵 2~3 枚。孵化期为 38d。晚成鸟。

分布 国内分布于各省区。卤阳湖主要见于草地和农田。

现状 3~5 月和 9~11 月春秋迁徙期在卤阳湖可见，数量稀少。

居留型 旅鸟。

保护级别 国家 II 级重点保护野生动物。

臧晓博 摄

亚成体 / 臧晓博 摄

高学斌 摄

亚成体 / 臧晓博 摄

114. 大鵟

浅色型 / 肖红　摄

英文名　Upland Buzzard

学名　*Buteo hemilasius*

主要特征　体长约 70cm。翼指 5 枚。雌雄同型。体色多样，颜色由头及胸腹白色的浅色型至全身黑褐色的深色型。体型较普通鵟大，且翼上初级飞羽基部具白色翅窗。虹膜黄褐色；嘴灰色，端部黑色，蜡膜黄色；脚黄色。

生活习性　栖息于山地、草原、丘陵和平原的农田地区。通常单独或成对活动，迁徙期集群活动。主要以啮齿类、两栖爬行类和小型鸟类等动物性食物为食。繁殖期为 5~7 月。以枯枝和干草等在高大树上或铁塔上营平台状巢。1 年繁殖 1~2 窝，每窝产卵 2~4 枚。孵化期为 30d。晚成鸟。

分布　国内分布于除贵州、安徽、湖南、福建、海南、广西、香港、澳门外的各省区。卤阳湖主要见于草地和农田。

现状　3~5 月和 9~11 月的春秋迁徙期在卤阳湖可见，数量稀少。

居留型　旅鸟。

保护级别　国家 II 级重点保护野生动物。

浅色型 / 肖红　摄

115. 普通鵟

英文名 Eastern Buzzard

学名 *Buteo japonicus*

主要特征 体长约 55cm。翼指 5 枚。雌雄同型。体色为褐色。颈部及前胸具深褐色纵纹，上腹部具黑色带，翼指深色，翼下整体色浅，深色腕斑明显。亚成鸟似成鸟，但颜色较浅，胸部纵纹延伸至腹部。虹膜黄褐色；嘴灰色，端部黑色，蜡膜黄色；脚黄色。

生活习性 栖息于山地、草原、丘陵和平原的农田地区。通常单独或成对活动，迁徙期集群活动。主要以啮齿类、小型鸟类、两栖爬行类和大型昆虫等动物性食物为食。繁殖期为 5~7 月。以枯枝和干草等在高大树上或铁塔上营平台状巢。1 年繁殖 1 窝，每窝产卵 2~3 枚。孵化期为 28d。晚成鸟。

分布 国内分布于各省区。卤阳湖主要见于草地和农田。

现状 9 月至次年 5 月在卤阳湖可见，数量稀少。

居留型 冬候鸟或旅鸟。

保护级别 国家 II 级重点保护野生动物。

高学斌 摄

臧晓博 摄

张小勇 摄

高学斌 摄

十三、鸮形目 STRIGIFORMES

（二十二）鸱鸮科 Strigidae

116. 斑头鸺鹠

英文名 Asian Barred Owlet

学名 *Glaucidium cuculoides*

主要特征 体长约 24cm。无耳羽簇。体色为棕褐色并具浅色横纹。颏纹白色，肩部具 1 道白色斜纹，腹部白色具棕褐色纵纹。虹膜黄褐色；嘴黄绿色，端部黄色；脚黄绿色，跗跖被羽。

生活习性 栖息于山区、丘陵和平原的林地及农田地区。多在白天活动，清晨和黄昏时较活跃，夜晚也可捕猎。通常单独或成对活动。主要以啮齿类、两栖爬行类、小型鸟类和大型昆虫等动物性食物为食。繁殖期为 5~7 月。以树洞或崖壁洞穴为巢。1 年繁殖 1~2 窝，每窝产卵 3~5 枚。孵化期为 28~29d。晚成鸟。

分布 国内分布于除黑龙江、吉林、辽宁、天津、山西、甘肃、青海、内蒙古、宁夏、新疆和台湾外的各省区。卤阳湖主要见于景观林。

现状 全年在卤阳湖可见，数量稀少。

居留型 留鸟。

保护级别 国家 II 级重点保护野生动物。

臧晓博　摄

高学斌　摄

高学斌　摄

117. 纵纹腹小鸮

英文名 Little Owl

学名 *Athene noctua*

主要特征 体长约 23cm。无耳羽簇。体色为棕褐色。头顶较平并具细密白点，具浅色眉纹，白色髭纹较宽，腹部灰白且具褐色纵纹，背部褐色，具白色点斑。虹膜亮黄色；嘴黄色；脚灰白色，被羽。

生活习性 栖息于丘陵、草原和平原的农田地区。昼夜皆活动，早晨和黄昏时较活跃。通常单独或成对活动。主要以啮齿类、两栖爬行类、小型鸟类和大型昆虫等动物性食物为食。繁殖期为5~7月。以崖壁洞穴、石堆或废旧建筑物缝隙为巢。1 年繁殖 1~2 窝，每窝产卵 3~5 枚。孵化期为 28~29d。晚成鸟。

分布 国内分布于除贵州、浙江、安徽、湖南、福建、广东、海南、上海、重庆、广西、香港和澳门外的各省区。卤阳湖主要见于草地和农田。

现状 全年在卤阳湖可见，数量稀少。

居留型 留鸟。

保护级别 国家 II 级重点保护野生动物。

臧晓博 摄

张小勇 摄

杜靖华 摄

118. 长耳鸮

英文名 Long-eared Owl

学名 *Asio otus*

主要特征 体长约36cm。具长的耳羽簇。体色为褐色而斑驳。皮黄色的面盘，中央具明显的浅色“X”图形，上体褐色，具斑驳且深浅不一的斑块，下体皮黄具深褐色纵纹及杂纹。飞行时具明显的腕斑。虹膜橙黄色；嘴角质灰色；脚偏粉色，被羽。

生活习性 栖息于森林、城市公园、河岸和农田林地。夜行性，白天隐藏于树木上休息。繁殖期常成对活动，其余时间多结小群活动。主要以小型啮齿类为食，也吃小型鸟类和大型昆虫等。繁殖期为4~6月。多利用鸦科鸟类旧巢，也在树洞中营巢。1年繁殖1窝，每窝产卵4~6枚。孵化期为27~28d。晚成鸟。

分布 国内分布于除海南外的各省区。卤阳湖主要见于景区内的林地。

现状 9月至次年3月在卤阳湖可见，数量稀少。

居留型 冬候鸟。

保护级别 国家Ⅱ级重点保护野生动物。

119. 短耳鸮

英文名 Short-eared Owl

学名 *Asio flammeus*

臧晓博 摄

主要特征 体长约 38cm。具不明显的短小耳羽簇。体色为黄褐色。浅色的面盘显著，具深色的眼圈，上体黄褐色，具斑驳的深色和皮黄色纵纹，下体皮黄具深褐色纵纹。飞行时具明显的腕斑。虹膜黄色；嘴深灰色；脚偏白色，被羽。

生活习性 栖息于平原草地、沼泽、湖岸和河流周围的草丛中。昼夜皆活动，早晨和黄昏时较活跃。常隐藏于草丛地面休息，贴于地面飞行，速度缓慢。繁殖期常成对活动，其余时间多单独活动，有时也结小群。主要以小型啮齿类为食，也吃小型鸟类和大型昆虫等。繁殖期为 4~6 月。在草丛中营简陋的地面巢。1 年繁殖 1 窝，每窝产卵 4~6 枚。孵化期为 27~28d。晚成鸟。

分布 国内分布于各省区。卤阳湖主要见于景区内湖边草地。

现状 9 月至次年 3 月在卤阳湖可见，数量稀少。

居留型 冬候鸟。

保护级别 国家 II 级重点保护野生动物。

臧晓博 摄

十四、犀鸟目 BUCEROTIFORMES

（二十三）戴胜科 Upupidae

120. 戴胜

杨亚桥 摄

英文名 Common Hoopoe

学名 *Upupa epops*

主要特征 体长约 30cm。嘴细长且下弯，头部淡棕色，头顶具长的丝状冠羽，冠羽顶端有黑白色斑，颈和胸部淡棕色，上背棕褐色，两翼及尾黑色且具粗的白色横纹。虹膜褐色，嘴黑色，脚黑色。

生活习性 栖息于山地、平原、森林、林缘、河谷、农田、草地、村屯和果园等多种生境，尤其以林缘耕地生境较为常见。繁殖期常成对活动，其余时间单独或结小群活动。主要以各类昆虫及其幼虫为食，也吃蠕虫等小型无脊椎动物。繁殖期为 4~6 月。营巢于天然树洞或石缝，垫以干草和羽毛等。每窝产卵 6~8 枚。孵化期为 18d。晚成鸟。

分布 国内广泛分布于各省。卤阳湖主要见于卤阳湖景区内的林地和湿地周边的农田、村庄和果园。

现状 在卤阳湖全年可见，数量较少。

居留型 留鸟。

保护级别 有重要生态、科学、社会价值的陆生野生动物。

高学斌 摄

十五、佛法僧目 CORACIIFORMES

（二十四）翠鸟科 Alcedinidae

121. 蓝翡翠

英文名 Black-capped Kingfisher

学名 *Halcyon pileata*

主要特征 体长约 30cm。额、头顶、头侧和枕部黑色，后颈、颈侧、喉和胸白色且相连，形成 1 条宽阔的白色领环，背、腰和尾钴蓝色，腹及两胁橙棕色，翼上覆羽黑色，形成 1 块大的黑斑。虹膜深褐色，嘴红色，脚红色。

生活习性 栖息于林中溪流至山脚与平原地带的河流、水塘和沼泽地带。常单独或成对活动。主要以小鱼、虾、蟹和两栖爬行类等动物为食，也吃各类昆虫及幼虫。繁殖期为 5~7 月。营巢于土崖壁或河流沿岸的堤坝上，用嘴挖掘隧道式的洞穴来筑巢。每窝产卵 4~6 枚。孵化期为 19~21d。晚成鸟。

分布 国内广泛分布于除新疆、西藏和青海以外的各省。卤阳湖偶见于天骄湖和周边沟渠。

现状 6~8 月在卤阳湖偶见，数量稀少。

居留型 夏候鸟。

保护级别 有重要生态、科学、社会价值的陆生野生动物。

高学斌 摄

122. 普通翠鸟

英文名 Common Kingfisher

学名 *Alcedo atthis*

主要特征 体长约15cm。头顶具暗蓝、绿、黑、白色点斑，颏、喉白色，前额侧部、颊和眼后缀栗棕红色，耳后有1处白色斑，背部至尾部翠蓝色，胸和腹橙棕色。亚成鸟体色暗淡，具深色胸带。虹膜褐色；雄鸟嘴黑色，雌鸟上嘴黑色，下嘴橘黄色；脚红色。

生活习性 栖息于林区溪流、平原河谷、水库、水塘和水田边等水域附近。常单独或成对活动，多停歇在河边树桩或岩石上伺机捕鱼。主要以小鱼为食，兼吃甲壳类和小型蛙类等。繁殖期为5~8月。常营巢于水域岸边或附近陡直的土岩或砂岩壁上，用嘴挖掘隧道式的洞穴来筑巢。每窝产卵5~7枚。孵化期为19~21d。晚成鸟。

分布 国内广泛分布于各省。卤阳湖见于天骄湖、天卤湖岸边和周边沟渠。

现状 在卤阳湖全年可见，数量稀少。

居留型 留鸟。

保护级别 有重要生态、科学、社会价值的陆生野生动物。

雌鸟 / 陈永锡 摄

亚成体 / 陈永锡 摄

雄鸟 / 张小勇 摄

十六、啄木鸟目 PICIFORMES

（二十五）啄木鸟科 Picidae

123. 星头啄木鸟

雄鸟 / 杨晓菁　摄

英文名　Grey-capped Woodpecker

学名　*Dendrocopos canicapillus*

主要特征　体长约 15cm。头顶灰褐色。雄鸟眼后上方具红色条纹，宽的白色眉纹一直延伸到颈侧，后颈、上背和肩黑色，上背、两翼和腰黑色且具白色横斑，尾黑色，外侧尾羽白色具黑斑，胸部淡棕色而具细黑褐色纵纹，腹部污白色而具淡褐色纵纹；雌鸟似雄鸟，但眼后上方无红色。虹膜褐色，嘴铅灰色，脚灰黑色。

生活习性　栖息于山地和平原的树林中，甚至出现于村边和耕地中的零星乔木上。常单独或成对活动。主要以天牛等鞘翅目和鳞翅目昆虫及其幼虫为食，偶尔也吃植物果实和种子。繁殖期为 4~6 月。于枯树干上，用嘴凿洞营巢。每窝产卵 4~5 枚，孵化期为 12~13d。晚成鸟。

分布　国内广泛分布于各省。卤阳湖见于景区内的高大树木。

现状　全年在卤阳湖偶见，数量稀少。

居留型　留鸟。

保护级别　有重要生态、科学、社会价值的陆生野生动物。

雌鸟 / 陈永锡　摄

124. 大斑啄木鸟

雌鸟 / 陈永锡　摄

英文名　Great Spotted Woodpecker

学名　*Dendrocopos major*

主要特征　体长约 24cm。雄鸟头顶黑色，枕部红色，眼先、颊部和耳羽白色，颈部污白色，下嘴基部至后颈具 1 道黑色条纹并与从颈侧延伸到胸侧的黑色条带相连，背和两翼黑色，肩部具 1 个大的白色斑块，翼上具白色横斑，尾黑色，外侧尾羽白色具黑斑，前胸和腹部污白，下腹部至尾下沾红色；雌鸟似雄鸟但枕部无红色。虹膜暗红色，嘴灰黑色，脚黑褐色。

生活习性　栖息于山地和平原的树林中，尤以混交林和阔叶林较多，也出现于林缘次生林和农田边的疏林及灌丛地带。常单独或成对活动。主要以甲虫、小蠹虫、天牛幼虫等鞘翅目和鳞翅目的昆虫及其幼虫为食，也吃橡子、松子和草籽等植物性食物。繁殖期为 4~5 月。营巢于树洞中，多选择干枯的树干，用嘴凿洞筑巢。每窝产卵 3~8 枚。孵化期为 20~23d。晚成鸟。

分布　国内广泛分布于各省。卤阳湖见于景区内的高大树木和周围村庄。

现状　在卤阳湖全年可见，数量稀少。

居留型　留鸟。

保护级别　有重要生态、科学、社会价值的陆生野生动物。

雄鸟 / 高学斌　摄

雄鸟 / 高学斌　摄

125. 灰头绿啄木鸟

雄鸟 / 高学斌 摄

英文名 Grey–headed Woodpecker

学名 *Picus canus*

主要特征 体长约 27cm。雄鸟额及头顶前部朱红色，眼先和颊纹黑色，枕部黑色，头后和颈部灰色，背和翼上覆羽绿黄色，飞羽黑褐色具白斑，尾羽色深或染绿色，并具深色横斑，颏、喉、胸和腹部灰色，两胁染绿色，尾下覆羽灰色；雌鸟顶冠灰色，或具黑色条纹或全黑，而无红斑，其余体色似雄鸟。虹膜红褐色，嘴近灰色，脚蓝灰色。

生活习性 栖息于低山林区，秋冬季则常出现于路旁、农田边疏林，也常到村庄附近小树林内活动。常单独或成对活动。主要以蚂蚁、小蠹虫、天牛幼虫等鳞翅目、鞘翅目、膜翅目昆虫及其幼虫为食，偶尔也吃浆果、松子和草籽等植物果实和种子。繁殖期为 4~6 月。营巢于树洞中，多选择干枯的树干，用嘴凿洞筑巢。每窝产卵 8~11 枚。孵化期为 12~13d。晚成鸟。

分布 国内广泛分布于各省。卤阳湖见于景区内的高大树木和周围村庄。

现状 在卤阳湖全年可见，数量稀少。

居留型 留鸟。

保护级别 有重要生态、科学、社会价值的陆生野生动物。

雄鸟 / 高学斌 摄

138. 喜鹊

英文名 Common Magpie

学名 *Pica pica*

主要特征 体长约43cm。头颈、颏、喉、胸、背部和尾上覆羽黑色，肩羽纯白色，两翼黑色，尾黑色，其身体黑色部分大多具有蓝绿金属光泽，上腹部和两胁纯白色，下腹和尾下覆羽黑色。虹膜褐色，嘴和脚黑色。

生活习性 栖息于山地、平原、丘陵、农田、村庄和城市等各种生境，常见于人类居住地区。繁殖期成对活动，其余时间成小群活动。主要以昆虫等动物性食物以及植物的果实和种子为食，也捕食小型鸟类、两栖爬行和鼠类等动物。繁殖期为3~5月。通常营巢于松树、杨树等高大乔木上，也在高压铁塔上营巢，巢精巧而结构复杂，呈球形，外层由大小不一的树枝搭建而成，在一侧有椭圆形开口，内部中央为细枝、干草和泥土营建的碗状巢，内垫以植物纤维、须根、兽毛和羽毛等。每窝产卵5~8枚。孵化期为16~18d。晚成鸟。

分布 国内广泛分布于各省区。卤阳湖见于周边村庄、农田和公园内林地。

现状 在卤阳湖全年可见，数量较少。

居留型 留鸟。

保护级别 有重要生态、科学、社会价值的陆生野生动物。

高学斌 摄

139. 大嘴乌鸦

英文名 Large-billed Crow

学名 *Corvus macrorhynchos*

主要特征 体长约52cm。是体型大、全身黑色且带金属光泽的乌鸦。嘴甚粗厚，嘴基有长羽至鼻孔处，前额隆起，尾呈圆形。虹膜褐色，嘴和脚黑色。相似种小嘴乌鸦个体较小，而相似种渡鸦则体型明显偏大。

生活习性 栖息于山地和平原的各种森林环境，尤以疏林和林缘地带较常见，多见于人类居住区和河流。繁殖期成对活动，其余时间成群活动。主要以各类昆虫及幼虫为食，也吃雏鸟、鸟卵、鼠类、动物尸体以及植物的果实和种子等。繁殖期为3~6月。营巢于高大乔木中上部枝杈处，用树枝营碗状巢，内垫以干草、植物纤维、苔藓、羽毛和兽毛等。每窝产卵3~5枚。孵化期为17~19d。晚成鸟。

分布 国内广泛分布于各省。卤阳湖见于周边村庄、农田和公园内林地。

现状 在卤阳湖全年可见，数量稀少。

居留型 留鸟。

保护级别 无。

高学斌 摄

（三十一）山雀科 Paridae

140. 黄腹山雀

雌鸟 / 高学斌 摄

英文名 Yellow-bellied Tit

学名 *Pardaliparus venustulus*

主要特征 体长约 10cm。胸腹部黄色，翼上具 2 排白色点斑。雄鸟颊、颈侧和后颈白色，其余头颈部为黑色，背部、两翼及尾羽呈蓝黑色、灰色及橄榄绿色。雌鸟眉纹、颊、喉、颈侧和后颈白色，其余头颈部灰绿色，背部黄绿色，两翼及尾羽黑色染橄榄色。幼鸟体色暗淡且整体偏橄榄绿色。虹膜褐色，嘴蓝灰色，脚铅灰色。

生活习性 栖息于中低海拔的山区林地中，冬季下迁至低山和山脚平原地带。繁殖期成对活动，其余时间集群。主要取食各类昆虫等动物性食物，也吃少量果实和种子等植物性食物。繁殖期为 4~6 月。营巢于天然树洞和树木根部、倒木基部的地面洞穴中，用苔藓、干草、茎叶、植物纤维等筑杯状巢，内垫以兽毛和羽毛等。每窝产卵 5~7 枚。晚成鸟。

分布 国内分布于除西藏、新疆、海南和台湾外的各省区。卤阳湖主要分布于树林中。

现状 在卤阳湖全年可见，数量较少。

居留型 留鸟。

保护级别 有重要生态、科学、社会价值的陆生野生动物。

雄鸟 / 高学斌 摄

141. 大山雀

英文名 Cinereous Tit

学名 *Parus cinereus*

高学斌 摄

主要特征 体长约 14cm。头部大部分为亮黑色，脸颊及颈后侧白色，背部灰色染绿色，两翼黑色具蓝灰色羽缘，并有 1 道显著的白色横斑，尾蓝灰色，外侧尾羽白色，胸腹部灰白色，喉部至臀部中央有 1 条显著的黑色纵纹。虹膜褐色，嘴黑色，脚暗褐色。

生活习性 栖息于山地、丘陵和平原地区的森林、疏林灌丛以及人工修建的园林、果园等环境。繁殖期成对活动，其余时间集小群活动。主要取食各种昆虫等动物性食物，也吃一些果实、种子等植物性食物。繁殖期为 4~8 月。营巢于树洞、土崖和岩石缝隙中，也利用人工巢箱，用干草茎叶和苔藓等筑杯状巢，内垫以细软的植物纤维、兽毛和羽毛等。1 年繁殖 1~2 窝，每窝产卵 6~9 枚。孵化期为 14d 左右。晚成鸟。

分布 国内除新疆以外各省区均有分布。卤阳湖主要分布于树林中。

现状 在卤阳湖全年可见，数量较少。

居留型 留鸟。

保护级别 有重要生态、科学、社会价值的陆生野生动物。

高学斌 摄

（三十二）攀雀科 Remizidae

142. 中华攀雀

英文名 Chinese Penduline Tit

学名 *Remiz consobrinus*

主要特征 体长约 11cm。雄鸟头顶灰色，黑色的贯眼纹明显，眉纹白色且窄，颊部白色，后颈和颈侧暗栗色，背、腰和尾上覆羽沙棕色，尾羽暗褐色，两翼暗褐色，下体为皮黄色。雌鸟似雄鸟，但羽色暗淡，贯眼纹为暗棕栗色，上体沙褐色。虹膜暗褐色；上嘴灰黑色，下嘴灰色；脚铅黑色。

生活习性 栖息于平原、半荒漠地区的稀疏树林内，在河流、湖泊等水域的杨树林、榆树林和柳树林等阔叶林中较常见，迁徙期见于芦苇和灌丛。繁殖期成对活动，其余时间集小群活动。繁殖期主要以各类昆虫为食，冬季则多以植物的种子、果实和嫩芽等为食。繁殖期为 4~8 月。营巢于杨树、榆树、柳树等阔叶树上，用植物纤维、兽毛、蒲绒、杨柳花絮等于树枝的近末端筑悬挂的袋状巢，一个管状开口于巢顶部侧面。1 年繁殖 1 窝，每窝产卵 3~9 枚。孵化期为 13~15d。晚成鸟。

分布 国内分布于除新疆、西藏、青海、甘肃、山西、四川、重庆、贵州和海南以外的各省区。卤阳湖见于湿地周边的芦苇和灌丛。

雌鸟 / 廖小青 摄

雄鸟 / 廖小青 摄

现状 4 月和 8 月的迁徙期在卤阳湖偶见，数量稀少。

居留型 旅鸟。

保护级别 有重要生态、科学、社会价值的陆生野生动物。

雄鸟 / 李广武 摄

（三十三）百灵科 Alaudidae

143. 短趾百灵

英文名 Asian Short-toed Lark

学名 *Alaudala cheleensis*

主要特征 体长约15cm。头部无羽冠。眼先、眉纹和眼周白色或皮黄白色，颊部和耳羽棕褐色，头顶至背部沙棕色且具黑褐色羽干纹，尾沙棕色，外侧尾羽白色，下体淡皮黄色或白色，胸及体侧具深色纵纹。与相似种大短趾百灵相比体型较小且颈部无黑色斑块，嘴较粗短，胸部纵纹散布较开。虹膜深褐色，嘴黄褐色，脚肉色。

生活习性 栖息于平原、草地和半荒漠地区，常见于河流、湖泊等水域附近的沙草滩地。繁殖期成对活动，其余时间集群活动。主要以草籽、嫩芽等为食，繁殖期多捕食各类昆虫。繁殖期5~7月。营巢于地上草丛或耕地中的地面凹坑处，用干草根茎和草叶营碗状巢。每窝产卵3~5枚。孵化期为12~13d。晚成鸟。

分布 国内分布于西北、东北各省，以及河北、北京、天津、山东、山西、四川、江苏、浙江和台湾。卤阳湖见于湿地周边荒地和麦地等空旷区域。

现状 在卤阳湖主要见于10月至次年5月，数量较少。

居留型 冬候鸟。

保护级别 无。

高学斌 摄

144. 凤头百灵

高学斌 摄

英文名 Crested Lark

学名 *Galerida cristata*

主要特征 体长约18cm。嘴略下弯。头顶冠羽长而窄，具黑褐色羽干纹，眼先、颊、眉纹棕白色，细窄的贯眼纹黑褐色，背部、腰部直到尾部沙褐色，胸部棕白色且具黑色纵纹，腹部白色，两胁沙棕色。幼鸟上体密布点斑。虹膜深褐色，嘴黄褐色，脚肉粉色。

生活习性 栖息于干燥平原、旷野、半荒漠、沙漠边缘、农耕地和沙地等开阔地区。繁殖期成对活动，其余时间成群活动。主要以草籽、嫩芽等植物性食物为食，繁殖期则以各类昆虫为食。繁殖期为4~7月。营巢于荒漠草地或沙地的地面凹坑处，用干草根茎、草叶和羽毛等营碗状巢。每窝产卵3~5枚。孵化期为12~13d。晚成鸟。

分布 国内分布于辽宁、北京、河北、山东、山西、河南、陕西、宁夏、甘肃、青海、内蒙古、新疆、西藏、四川、湖北和江苏。卤阳湖见于湿地周边荒地和麦地等空旷区域。

现状 在卤阳湖全年均可见到，数量多。

居留型 留鸟。

保护级别 无。

高学斌 摄

145. 云雀

英文名 Eurasian Skylark

学名 *Alauda arvensis*

主要特征 体长约 18cm。眼先和眉纹棕白色，顶冠羽毛略长，形成短的羽冠，颊和耳羽呈明显的栗棕色，上体沙棕色，头顶、后颈、背及尾上覆羽具黑褐色纵纹，两翼深褐色后缘白色，覆羽具棕色羽缘，尾深褐色，外侧尾羽白色，下体棕白色，胸部具密的深色纵纹，两胁染棕色。虹膜暗褐色，嘴黑褐色，脚肉褐色。

生活习性 栖息于开阔的平原、草地、沼泽、耕地和海岸等各种生境，常见于河流、湖泊等湿地周围的草地。繁殖期成对活动，其余时间成群活动。主要以植物的草籽、嫩芽等为食，繁殖期则多以各类昆虫及其幼虫为食。繁殖期为 4~7 月。营巢于近水草地、荒地、农田内的地面凹坑，用干草根茎、草叶和须根等营碗状巢。1 年繁殖 1 窝，每窝产卵 3~5 枚。孵化期为 10~12d。晚成鸟。

分布 国内分布于除西藏、四川、重庆、云南、贵州、广西和海南外的各省区。卤阳湖见于湿地周边荒地和麦地等空旷区域。

现状 在卤阳湖主要见于 10 月至次年 5 月，数量较多。

居留型 冬候鸟。

保护级别 国家 II 级重点保护野生动物。

（三十四）扇尾莺科 Cisticolidae

146. 棕扇尾莺

臧晓博 摄

英文名 Zitting Cisticola

学名 *Cisticola juncidis*

主要特征 体长约10cm。眼先杂有黑色，眉纹皮黄色，颊部及颈后部淡褐色，头顶褐色并具黑色细纹，背部黑褐色且具褐色纵纹，两翼和尾部深褐色，具棕色羽缘，外侧尾羽具白色末端，喉部略白，胸腹部白色，两胁皮黄色。虹膜褐色;上嘴褐色，下嘴粉色;脚肉粉色。

生活习性 栖息于低海拔的山地、丘陵和平原地区的灌丛和草丛中。繁殖期成对活动，其余时间集小群活动。主要取食各类昆虫以及草籽等植物性食物。繁殖期为4~7月。营巢于草丛中，由撕裂的草叶、植物纤维、蛛丝等编织而成，巢呈梨形、椭圆形或吊囊状，依附于草本植物的茎叶上，开口于侧上方。每窝产卵4~5枚。晚成鸟。

分布 国内分布于除黑龙江、吉林、新疆、西藏、青海、内蒙古和宁夏以外的各省区。卤阳湖见于芦苇及灌草丛区域。

现状 全年在卤阳湖可见，数量较少。

居留型 留鸟。

保护级别 无。

田宁朝 摄

147. 纯色山鹪莺

英文名 Plain Prinia

学名 *Prinia inornata*

主要特征 体长约 14cm。繁殖期上体灰褐色，头顶色深，具淡的粗眉纹，颊部棕白色，飞羽羽缘棕红色，尾长且呈凸状，尾羽具白色末端斑，下体淡皮黄色。非繁殖期上体红棕褐色，下体淡棕色。虹膜褐色；嘴褐色，下嘴基部色浅；脚粉红色。

非繁殖羽 / 杨亚桥 摄

生活习性 栖息于低海拔的山地、丘陵、平原和河流湿地地区的灌丛和草丛中。繁殖期成对活动，其余时间集小群活动。主要取食各类昆虫以及草籽等植物性食物。繁殖期为 5~7 月。营巢于草丛中，巢呈囊状，巢材为撕裂的草叶、植物纤维和蛛丝等，依附于草本植物的茎叶上，开口于侧上方。每窝产卵 4~6 枚。孵化期为 11~12d。晚成鸟。

分布 国内分布于除东三省、河北、河南、山西、甘肃、青海、内蒙古、宁夏、新疆、西藏、北京外的其他省区。卤阳湖见于芦苇及灌草丛生境。

现状 在卤阳湖全年可见，数量稀少。

居留型 留鸟。

保护级别 无。

繁殖羽 / 高学斌 摄

（三十五）苇莺科 Acrocephalidae

148. 东方大苇莺

高学斌 摄

英文名 Oriental Reed Warbler

学名 *Acrocephalus orientalis*

主要特征 体长约 18cm。头顶、颈背、背部、两翼及尾羽棕褐色，淡黄色的眉纹过眼，贯眼纹深褐色，喉部和腹部污白色，胸部有不明显的细纵纹，两胁色深。虹膜褐色；嘴黑褐色，下嘴基部肉粉色；脚铅褐色。

生活习性 栖息于低海拔山地、丘陵和平原地区的河流、湖泊、沼泽等湿地周围的芦苇丛和灌丛中。繁殖期成对活动，迁徙期结小群活动。主要以各类昆虫和幼虫为食。繁殖期为 5~7 月。营巢于芦苇及其他草本植物的茎秆上，用草茎叶和芦苇叶为巢材筑杯状巢，内垫以细草茎和兽毛等。1 年繁殖 1 窝，每窝产卵 3~6 枚。晚成鸟。

分布 国内见于除西藏外各省区。卤阳湖主要见于盐田及湖泊边的芦苇丛中。

现状 4~10 月在卤阳湖可见，数量较多。

居留型 夏候鸟。

保护级别 无。

高学斌 摄

（三十六）燕科 Hirundinidae

149. 崖沙燕

张小勇 摄

英文名 Sand Martin

学名 *Riparia riparia*

主要特征 体长约 13cm。头部、背、两翼及尾部为深灰褐色，尾短且分叉较浅，下体白色或灰白色，喉部白色常延伸至颈侧，褐色的胸带明显。与淡色崖沙燕的区别在于褐色胸带色深且边界清晰。虹膜深褐色，嘴黑褐色，脚灰褐色。

生活习性 栖息于河流、湖泊、沼泽等水体周边的砂质崖壁附近。常集大群活动。主要捕食飞行的各类昆虫。繁殖期为 5~7 月。营巢于砂质崖壁上，用爪在岩壁上挖掘水平深度约为 0.5m 的坑洞巢，末端有一处扩大的巢室，巢室内用干草茎叶和羽毛等铺垫。每窝产卵 4~6 枚。孵化期为 12~13d。晚成鸟。

分布 国内见于各省区。卤阳湖主要见于湖泊区域。

现状 在繁殖期后的 7~10 月于卤阳湖可见，数量较多。于卤阳湖范围内未见到其繁殖地。

居留型 旅鸟。

保护级别 有重要生态、科学、社会价值的陆生野生动物。

幼鸟 / 高学斌 摄

臧晓博 摄

张小勇 摄

150. 家燕

英文名 Barn Swallow

学名 *Hirundo rustica*

主要特征 体长约 18cm。头、背、两翼及尾部为蓝黑色，尾深叉形，近末端有 1 排白色点斑，前额及喉部栗红色，上胸具灰蓝色胸带，下胸和腹部白色。虹膜深褐色，嘴和脚黑色。

生活习性 栖息于村庄、城镇等人居环境中。常集群活动。主要以各种飞行昆虫为食。繁殖期为 4~7 月。常营巢于屋檐下，巢为向上开口的碗状，由泥土混合草茎筑成，内垫以细草根茎、兽毛和羽毛等。1 年繁殖 1~2 窝，每窝产卵 4~5 枚。孵化期为 14d。晚成鸟。

分布 国内见于各省区。卤阳湖各处均可见。

现状 3~10 月在卤阳湖可见，数量较多。

居留型 夏候鸟。

保护级别 有重要生态、科学、社会价值的陆生野生动物。

杨亚桥 摄

151. 金腰燕

英文名 Red-rumped Swallow

学名 *Cecropis daurica*

主要特征 体长约 18cm。头顶、背部、两翼及尾部具有辉蓝色光泽，耳羽后缘和颈部两侧栗红色并向眼部延伸，腰部栗黄色，尾深叉状，喉部至胸腹部棕白色，具细密的黑色纵纹。虹膜深褐色，嘴和脚黑色。

生活习性 栖息于低海拔的山地、丘陵和平原，常见于人类聚居的地区。通常集群活动。主要以各种飞行性昆虫为食。繁殖期为 4~8 月。常营巢于屋檐下或天花板上，巢为半个葫芦状，开口于瓶颈处，由泥土混合草茎筑成，内垫以细草根茎、兽毛和羽毛等。1 年繁殖 1 窝或 2 窝，每窝产卵 4~6 枚。孵化期约 17d。晚成鸟。

分布 国内见于各省区。卤阳湖各处均可见。

现状 3~10 月在卤阳湖可见，数量较少。

居留型 夏候鸟。

保护级别 有重要生态、科学、社会价值的陆生野生动物。

（三十七）鹎科 Pycnonotidae

152. 领雀嘴鹎

英文名 Collared Finchbill

学名 *Spizixos semitorques*

主要特征 体长约 20cm。头部黑色，耳羽、颈侧有白色细条纹，颈背部灰色，上体橄榄绿色，尾羽黄绿色而末端为黑色，喉部黑色，前颈具 1 条白色环带，下体橄榄黄色。虹膜深褐色；嘴粗厚，象牙色；脚灰褐色。

生活习性 栖息于海拔较低的山地、丘陵和平原地区的林地生境。繁殖期成对活动，其余时间结群活动。主要取食果实、种子、嫩芽等各类植物性食物，也吃少量昆虫等动物性食物。繁殖期为 5~7 月。营巢于小树和灌木的枝杈上，用细枝、细藤条和草根茎营碗状巢，内垫以细草茎叶和棕丝等。每窝产卵 3~4 枚。孵化期为 10~12 天。晚成鸟。

分布 国内主要见于秦岭 – 淮河一线附近及其以南的各省区。卤阳湖主要见于树林中。

现状 在卤阳湖全年可见，数量稀少。

居留型 留鸟。

保护级别 有重要生态、科学、社会价值的陆生野生动物。

153. 黄臀鹎

英文名 Brown-breasted Bulbul

学名 *Pycnonotus xanthorrhous*

主要特征 体长约 20cm。冠羽及眼周黑色，耳羽、背部、两翼及尾褐色，喉部白色，具灰褐色胸带，腹部灰白色，尾下覆羽黄色。虹膜深褐色，嘴和脚黑色。

生活习性 栖息于中低海拔的山地、丘陵和平原地区的树林、灌丛以及村落、农田和果园附近。繁殖期成对活动，其余时间集群活动。主要以植物的果实和种子为食，也吃昆虫及其幼虫等动物性食物。繁殖期为 4~7 月。营巢于灌丛或小树的枝杈上，用细枝、植物纤维和草根茎营碗状巢，内垫以细草茎叶等。1 年繁殖 1 窝或 2 窝，每窝产卵 3~5 枚。孵化期为 11~12d。晚成鸟。

分布 国内主要见于秦岭 – 淮河一线附近及其以南除海南和台湾外的各省区。卤阳湖主要见于树林中。

现状 在卤阳湖全年可见，数量稀少。

居留型 留鸟。

保护级别 有重要生态、科学、社会价值的陆生野生动物。

高学斌 摄

154. 白头鹎

英文名 Light-vented Bulbul

学名 *Pycnonotus sinensis*

陈永锡 摄

主要特征 体长约 20cm。略带羽冠，额、冠羽前部黑色，自眼至冠羽后部白色，颊部至颈侧和颈背黑色，耳羽白色并带有多少不一的淡褐色，背部和两翼覆羽橄榄绿色，尾羽及飞羽黑色并具橄榄绿色羽缘，喉部白色，胸部具 1 条不明显的淡灰色横带，腹部灰白色。虹膜深褐色，嘴和脚黑色。

生活习性 栖息于低海拔的山地、丘陵和平原地区的林地、灌丛、农田、果园、城市公园和小区绿地等环境。繁殖期成对活动，其余时间常集群活动。主要以各类昆虫等动物性食物，以及果实和种子等植物性食物为食。繁殖期为 4~8 月。营巢于灌木或树上，以干草根茎、细枝、树叶等筑碗状或深杯状巢，内垫以细草茎等。1 年繁殖 1 窝或 2 窝，每窝产卵 3~5 枚。孵化期为 11~12d。晚成鸟。

分布 近年来白头鹎向北部地区逐渐扩散，国内主要见于甘肃中部和南部、陕西、山西、河北、辽宁及上述以南各省区。卤阳湖各处的树林、灌丛等均可见到。

现状 在卤阳湖全年可见，数量多。

居留型 留鸟。

保护级别 有重要生态、科学、社会价值的陆生野生动物。

高学斌 摄

（三十八）柳莺科 Phylloscopidae

155. 褐柳莺

英文名 Dusky Warbler

学名 *Phylloscopus fuscatus*

主要特征 体长约 11cm。眉纹棕白色，贯眼纹暗褐色，上体灰褐色，颏、喉灰白色，其余下体污白色，胸及两胁沾黄褐色。虹膜黑褐色；上嘴黑褐色，下嘴黄褐色尖端黑褐色；脚淡褐色。

生活习性 栖息于平原到海拔 4500m 山地的森林和灌丛地带，常见于稀疏林区和溪流旁灌丛生境。常单独或成对活动。主要以各种昆虫及其幼虫为食。繁殖期为 5~7 月。营巢于灌木丛中，巢成球形，开口于侧面上部。每窝产卵 4~6 枚。晚成鸟。

分布 国内各省区均有分布。卤阳湖见于林区和灌丛地带。

现状 3~5 月和 9~11 月的迁徙期在卤阳湖可见，数量稀少。

居留型 旅鸟。

保护级别 有重要生态、科学、社会价值的陆生野生动物。

高学斌 摄

156. 黄腰柳莺

英文名 Pallas's Leaf Warbler

学名 *Phylloscopus proregulus*

主要特征 体长约 10cm。上体橄榄绿色，额和顶冠纹淡黄绿色，粗而长的眉纹黄色，贯眼纹黑褐色，脸颊绿黄色，腰部黄色，翼黑褐色羽缘黄绿色，具 2 道黄白色翼斑，三级飞羽端部色浅，尾暗褐色，羽缘黄绿色，下体灰白色，两胁染黄绿色。虹膜暗褐色；嘴黑褐色，下嘴基部暗黄色；脚淡褐色。

生活习性 栖息于山脚平原到中上部的针叶林、针阔混交林及阔叶林，迁徙期见于各种生境和海拔。繁殖期常成对活动，其余时间集小群活动。主要食物为各种昆虫的成虫和幼虫等。繁殖期为 6~8 月。营巢于针叶树的侧枝上，用苔藓、树皮纤维和干草茎叶筑球形巢，内垫以兽毛和羽毛等，开口于侧面，巢悬吊或于密枝间。每窝产卵 4~5 枚。孵化期为 10~11d。晚成鸟。

分布 国内各省区均有分布。卤阳湖分布于林区。

现状 4~5 月和 9~11 月的迁徙期在卤阳湖偶见，数量稀少。

居留型 旅鸟。

保护级别 有重要生态、科学、社会价值的陆生野生动物。

臧晓博 摄

高学斌 摄

高学斌 摄

（三十九）树莺科 Cettiidae

157. 远东树莺

英文名 Manchurian Bush Warbler

学名 *Horornis canturians*

主要特征 体长约 17cm。额和头顶红褐色，贯眼纹深褐色，眉纹黄白色，上体橄榄褐色，两翼和尾棕褐色，下体污白色，胸、两胁及尾下覆羽皮黄色。虹膜深褐色；上嘴深褐色，下嘴肉褐色；脚肉褐色。

生活习性 栖息于中低海拔的山地、丘陵和平原地区的疏林、次生林和灌丛中。通常单独或成对活动。主要以各种昆虫等动物性食物为食，也吃少量果实、种子等植物性食物。繁殖期为 5~7 月。营巢于灌丛中，以干草和树叶筑球状或椭圆状巢，内垫以植物纤维、兽毛和羽毛等，开口于侧面上部。1 年繁殖 1 窝，每窝产卵 4~5 枚。孵化期约为 15d。晚成鸟。

分布 国内分布于云南、四川、甘肃南部、陕西、内蒙古中东部及上述以东各省区。卤阳湖分布于与农田的接壤区。

现状 在卤阳湖周边 4~8 月可见，数量较少。

居留型 夏候鸟。

保护级别 无。

高学斌 摄

158. 强脚树莺

英文名 Brownish-flanked Bush Warbler

学名 *Horornis fortipes*

主要特征 体长约 11cm。上体橄榄褐色，贯眼纹深褐色，眉纹棕白色，颏、喉、胸部灰白至灰褐色，腹部、两胁及尾下覆羽黄褐色。虹膜褐色；上嘴深褐色，下嘴基部黄色；脚肉褐色。

生活习性 栖息于中低海拔山地、丘陵和平原地区的树林、灌丛、竹林以及人类活动区域内的果园、茶园等环境中。单独或成对活动。主要以各类昆虫等动物性食物为食，也吃少量果实、种子等植物性食物。繁殖期为 4~7 月。常营巢于灌丛中的枝杈上，以干草根茎、草叶等筑球状或杯状巢，内垫以细软茎叶、兽毛和羽毛等。1 年繁殖 1~2 窝，每窝产卵 3~5 枚。孵化期约为 15d。晚成鸟。

分布 国内分布于甘肃南部、陕西、山西、北京及上述以南各省区。分布于与卤阳湖区域相邻的灌丛和果园中。

现状 在卤阳湖全年可见，数量较少。

居留型 留鸟。

保护级别 无。

（四十）莺鹛科 Sylviidae

159. 山鹛

英文名 Chinese Hill Babbler

学名 *Rhopophilus pekinensis*

主要特征 体长约 18cm。上体灰褐色染棕褐色，头顶、背部具黑褐色纵纹，眉纹灰白色，具黑褐色贯眼纹，下颊纹黑色，尾灰褐色，长而呈凸状，两侧尾羽末端灰白色，颏、喉及胸腹部白色，胸侧和两胁具深栗色纵纹。虹膜白色至淡褐色；上嘴深褐色，下嘴淡黄色；脚黄褐色。

生活习性 栖息于低海拔丘陵和平原的树林、灌丛或草丛中。繁殖期成对活动，其余时间常集数只的小群。主要以各类昆虫等动物性食物为食，也吃一些果实种子等植物性食物。繁殖期为 4~7 月。营巢于灌木或小树的枝杈上，以干草根茎、植物纤维和树叶等筑杯状巢，内垫以细草茎等。每窝产卵 4~5 枚。孵化期为 12~13d。晚成鸟。

分布 国内分布于东北南部、华北、西北各省区。卤阳湖见于各处灌草丛中。

现状 在卤阳湖全年可见，数量较少。

居留型 留鸟。

保护级别 有重要生态、科学、社会价值的陆生野生动物。

高学斌 摄

高学斌 摄

高学斌 摄

160. 棕头鸦雀

高学斌 摄

英文名 Vinous-throated Parrotbill

学名 *Sinosuthora webbiana*

主要特征 体长约12cm。体色整体呈棕粉褐色。头部粉褐色，头顶和飞羽棕红色，背、翼上覆羽和腰部棕褐色，尾暗褐色，颏、喉和胸部粉棕色且具细的暗棕色纵纹，腹部及尾下覆羽灰褐色。虹膜深褐色；嘴粗短，灰褐色而尖端色浅；脚棕褐色或铅褐色。

生活习性 栖息于中低海拔的山地、丘陵或平原地区的林缘灌丛、草丛、竹林和芦苇生境中，也常出现于果园和人工园林中。繁殖期成对活动，其余时间集群活动。主要以各类昆虫等动物性食物为食，也吃果实和种子等植物性食物。繁殖期为4~8月。营巢于灌木、竹子或小树的枝杈上，以干草茎叶、竹叶、树叶、植物纤维、苔藓和蛛丝等筑杯状巢，内垫以细草茎和棕丝等。每窝产卵4~5枚。孵化期为13~14d。晚成鸟。

分布 国内分布于除新疆、西藏、青海、宁夏和海南以外的各省区。卤阳湖分布于各处灌丛中。

现状 在卤阳湖全年可见，数量较多。

居留型 留鸟。

保护级别 无。

高学斌 摄

（四十一）绣眼鸟科 Zosteropidae

161. 暗绿绣眼鸟

英文名 Japanese White-eye

学名 *Zosterops japonicus*

主要特征 体长约 10cm。白色眼圈显著。头顶、背部、两翼及尾部黄绿色，翼缘及尾末端略带黑褐色，额、颏、喉部、上胸及臀部柠檬黄色，下胸和两胁灰白色，腹部白色。虹膜黄褐色，嘴蓝灰色，脚铅灰色。

生活习性 栖息于中低山地、丘陵和平原的树林、灌丛和果园等生境中。繁殖期成对活动，其余时间常集群。主要以各类昆虫等动物性食物以及植物的果实和种子等为食。繁殖期为 4~7 月。营巢于树木或灌丛中，以草茎叶、苔藓、树皮和蛛丝等筑吊篮状或杯状巢，内垫以细草茎、兽毛和羽毛等。1 年繁殖 1~2 窝，每窝产卵 3~4 枚。孵化期为 10~12d。晚成鸟。

分布 国内分布于华北至西南一线及其以东各省区。卤阳湖主要见于公园的树林中。

现状 在卤阳湖 4~9 月可见，夏季偶见，数量稀少。

居留型 旅鸟或夏候鸟。

保护级别 有重要生态、科学、社会价值的陆生野生动物。

高学斌 摄

（四十二）噪鹛科 Leiothrichidae

162. 山噪鹛

英文名 Plain Laughingthrush

学名 *Garrulax davidi*

主要特征 体长约26cm。眼先灰白色，眉纹和耳羽淡沙褐色，头顶和颏黑色，飞羽羽缘灰白色，尾端部黑褐色，下体颜色略淡。虹膜黑褐色；嘴黄色，嘴峰沾褐色；脚粉褐色。

生活习性 栖息于低山和平原的灌丛生境。繁殖期成对活动，其余时间集小群活动。主要以各种昆虫等动物性食物为食，也吃植物的果实和种子等。繁殖期为5~7月。营巢于灌丛中，以干草茎叶、细枝等筑杯状巢，内垫以细软纤维和须根等。每窝产卵3~5枚。孵化期为13~14d。晚成鸟。

分布 国内分布于辽宁、河北、北京、天津、山东、内蒙古、宁夏、甘肃、青海、四川、山西和陕西。卤阳湖见于低矮树林及灌丛中。

现状 在卤阳湖全年可见，数量较少。

居留型 留鸟。

保护级别 有重要生态、科学、社会价值的陆生野生动物。

杨亚桥 摄

163. 白颊噪鹛

英文名 White-browed Laughingthrush

学名 *Garrulax sannio*

主要特征 体长约 24cm。白色的脸颊和眉纹在眼先处相连，头顶、眼后至耳羽、颏及喉部深栗褐色，臀部红棕色，尾红褐色。虹膜黑褐色，嘴黑色，脚粉色至褐色。

生活习性 栖息于中低海拔的山地、丘陵和平原地区的灌丛或竹林生境。繁殖期成对活动，其余时间集小群活动。主要以各类昆虫等动物性食物为食，也吃植物的果实和种子等。繁殖期为 3~7 月。营巢于灌丛中，以干草根茎、草叶、竹叶和细枝藤等筑碗状巢，内垫以细草茎叶、松针和棕丝等。1 年繁殖 1~2 窝，每窝产卵 3~4 枚。孵化期为 15~17d。晚成鸟。

分布 国内主要分布于秦岭 – 淮河一线附近及其以南除台湾外的各省区。卤阳湖见于树林及灌丛中。

现状 在卤阳湖全年可见，数量较少。

居留型 留鸟。

保护级别 有重要生态、科学、社会价值的陆生野生动物。

高学斌 摄

（四十三）椋鸟科 Sturnidae

臧晓博 摄

164. 灰椋鸟

英文名 White-cheeked Starling

学名 *Spodiopsar cineraceus*

主要特征 体长约24cm。体色为棕黑色。雄鸟头部、颈部和胸部黑色，额及颊部白色，腹部、背部、两翼及尾灰褐色，腰及尾下覆羽白色。雌鸟似雄鸟，但体色暗淡，头部灰褐色。虹膜黑褐色；嘴黄色，前端黑色；脚黄色。

生活习性 栖息于低山丘陵、平原的草地、农田、林地、果园及城市公园。繁殖期成对活动，其余时间集群活动。主要以昆虫等动物性食物为食，也吃果实和种子等植物性食物。繁殖期为5~7月。以干草根和茎叶在树洞和建筑物缝隙中筑碗状巢，内垫以细草茎、植物纤维和羽毛等。1年繁殖1~3窝，每窝产卵5~7枚。孵化期为13~15d。晚成鸟。

分布 国内分布于除西藏外的各省区。卤阳湖见于各种生境。

现状 全年在卤阳湖可见，数量较多。

居留型 留鸟。

保护级别 有重要生态、科学、社会价值的陆生野生动物。

高学斌 摄

165. 北椋鸟

英文名 Daurian Starling

学名 *Agropsar sturninus*

主要特征 体长约 18cm。体色为灰白色及紫黑色相间。雄鸟头部、胸部、腹部、腰部及尾下覆羽灰白色，后枕部黑色，背部及尾部黑紫色，两翼墨绿色具金属光泽。雌鸟似雄鸟，但颜色暗淡，头部灰色。虹膜褐色，嘴黑色，脚黄绿色。

生活习性 栖息于低山丘陵、平原的林地、果园及城市公园。繁殖期成对活动，其余时间集小群活动。主要以昆虫等动物性食物为食，也吃果实和种子等植物性食物。繁殖期为 5~6 月。以干草和树叶在树洞中筑浅盘状巢，内垫以细草茎和羽毛等。1 年繁殖 1 窝，每窝产卵 4~6 枚。孵化期为 13~15d。晚成鸟。

分布 国内分布于除新疆、西藏和青海外的各省区。卤阳湖主要见于草地和农田及林区。

现状 4~8 月在卤阳湖可见，数量较少。

居留型 夏候鸟。

保护级别 有重要生态、科学、社会价值的陆生野生动物。

雄鸟 / 高学斌 摄

雌鸟 / 杨亚桥 摄

雄鸟 / 臧晓博 摄

166. 紫翅椋鸟

英文名 Common Starling

学名 *Sturnus vulgaris*

减晓博 摄

主要特征 体长约22cm。体色为黑褐色且具紫绿色金属光泽，周身白色斑点密布，但尾及飞羽无斑点。虹膜褐色；嘴繁殖期亮为黄色，非繁殖期角质深色；脚暗红色。

生活习性 栖息于低山丘陵和平原的草地、农田、果园、人类居住区和水域附近等开阔地带。繁殖期成对活动，其余时间集群活动。主要以昆虫等动物性食物为食，也吃果实和种子等植物性食物。繁殖期为5~7月。以枯草、树叶和羽毛等在树洞或建筑物缝隙中做碗状巢。1年繁殖1窝，每窝产卵4~7枚。孵化期为12~13d。晚成鸟。

分布 国内分布于除吉林、河南、贵州、江西、云南、海南、重庆和澳门外的各省区。卤阳湖主要见于干枯的盐田、草地和农田。

现状 10~11月秋季迁徙期在卤阳湖可见，数量较少。为陕西省鸟类新记录。

居留型 旅鸟。

保护级别 有重要生态、科学、社会价值的陆生野生动物。

减晓博 摄

（四十四）鸫科 Turdidae

167. 乌鸫

英文名 Chinese Blackbird

学名 *Turdus mandarinus*

主要特征 体长约 28cm。雄鸟体色为黑色，黄色眼圈明显，嘴黄色。雌鸟似雄鸟，但体色为黑褐色，嘴黄色至褐色。虹膜褐色；脚黄褐色至黑色。

生活习性 栖息于山地、丘陵和平原的林地、果园、小区绿地及城市公园等生境。繁殖期成对活动，其余时间集小群活动。主要以各类昆虫和蠕虫等动物性食物为食，也吃果实和种子等植物性食物。繁殖期为 4~7 月。以苔藓、干草和泥土在高大树木主干分支处营碗状巢，内垫以细草茎、须根和兽毛等。1 年繁殖 1~2 窝，每窝产卵 5~6 枚。孵化期为 14~15d。晚成鸟。

分布 国内分布于除黑龙江、吉林、辽宁、天津、西藏、宁夏和新疆外的各省区。卤阳湖见于除盐田外的各种生境。

现状 全年在卤阳湖可见，数量较少。

居留型 留鸟。

保护级别 无。

雄鸟 / 陈永锡 摄

168. 红尾斑鸫

英文名 Naumann's Thrush

学名 *Turdus naumanni*

主要特征 体长约 24cm。体色为橄榄褐色。眉纹白色至棕红色，喉部色浅且具深色细纹，有髭纹，胸部及胁部具棕红色菱状斑，下腹白色，两翼和尾部染棕红色。虹膜黑褐色；上喙褐色，下喙基部黄色，端部褐色；脚褐色。

生活习性 栖息于山地、丘陵和平原的林地、果园、农田及城市公园绿地等生境。繁殖期成对活动，其余时间集群活动。主要以各类昆虫等动物性食物为食，也吃植物的果实和种子等植物性食物。繁殖期为 5~8 月。以细枝、苔藓、干草和泥土在树木横枝分叉处营碗状巢，或营巢于树根和倒木基部。1 年繁殖 1~2 窝，每窝产卵 5~6 枚。孵化期为 14~15d。晚成鸟。

分布 国内分布于除西藏和海南外的各省区。卤阳湖主要见于草地、农田和林区。

现状 4~5 月和 9~11 月春秋迁徙期在卤阳湖可见，数量较少。

居留型 旅鸟。

保护级别 无。

夏川广 摄

169. 斑鸫

英文名 Dusky Thrush

学名 *Turdus eunomus*

主要特征 体长约24cm。体色为黑褐色。具粗的白色眉纹，喉部白色，具深色细纹，有颏纹，胸部及胁部具黑色菱状斑，下腹白色，两翼红棕色，尾黑褐色。虹膜褐色；上喙褐色，下喙基部黄色，端部褐色；脚黑褐色。

生活习性 栖息于山地、丘陵和平原的林地、果园、农田及城市公园绿地等生境。繁殖期成对活动，其余时间集群活动。主要以各类昆虫等动物性食物为食，也吃植物的果实和种子等植物性食物。繁殖期为5~8月。以细枝、苔藓、干草和泥土在树木横枝分叉处营碗状巢，或营巢于树根和倒木基部。1年繁殖1~2窝，每窝产卵5~6枚。孵化期为14~15d。晚成鸟。

分布 国内分布于除西藏外的各省区。卤阳湖主要见于草地、农田和林区。

现状 4~5月和9~11月春秋迁徙期在卤阳湖可见，数量较少。

居留型 旅鸟。

保护级别 有重要生态、科学、社会价值的陆生野生动物。

高学斌 摄

张小勇 摄

朱勇 摄

（四十五）鹟科 Muscicapidae

170. 蓝喉歌鸲

英文名 Bluethroat

学名 *Luscinia svecica*

主要特征 体长约 14cm。雄鸟上体土褐色，眉纹白色，颏部和喉部蓝色，中央有栗色块斑，胸部有黑色和淡栗色 2 道带纹，腹部黄白色，尾羽黑褐色，两侧基部栗红色。雌鸟与雄鸟相似，喉部白色且无栗色及蓝色，黑色的细颊纹与由黑色点斑组成的胸带相连。虹膜黑褐色，嘴黑色，脚肉褐色。

生活习性 栖息于山地、丘陵和平原的疏林、林缘和灌草丛，以及河流等湿地的芦苇丛中。常单独或成对活动，迁徙期结小群。主要以各类昆虫的成虫和幼虫等动物性食物为食。繁殖期为 5~7 月。以枯草和树叶等在灌丛、凹陷地面等处筑杯状巢，内垫以细草茎、兽毛和羽毛等。每窝产卵 4~7 枚。孵化期为 13~15d。晚成鸟。

分布 国内除海南外各省区均有分布。卤阳湖主要分布于灌丛和芦苇丛。

现状 数量稀少。仅 2019 年 10 月迁徙期在卤阳湖见到 3 只。

居留型 旅鸟。

保护级别 国家 II 级重点保护野生动物。

雄鸟 / 高学斌 摄

雌鸟 / 杜靖华 摄

雄鸟 / 杜靖华 摄

雄鸟 / 臧晓博 摄

171. 红胁蓝尾鸲

英文名 Orange-flanked Bluetail

学名 *Tarsiger cyanurus*

主要特征 体长约 14cm。体色为灰蓝色。雄鸟头部、背及尾蓝色，具白色眉纹，喉部及腹部白色，胸污黄色，两胁橘红色，两翼染褐色。雌鸟体色为浅褐色，下体灰白色，胸灰色，两胁橘黄色，尾灰蓝色。虹膜褐色，嘴黑色，脚灰色。

生活习性 栖息于山地森林及平原地带的林区、林缘灌丛、果园和城市公园绿地等生境。通常单独或成对活动，迁徙期结小群。主要以各类昆虫等动物性食物为食，也吃果实和种子等植物性食物。繁殖期为 4~7 月。以苔藓和干草在树根、土洞或屋檐下营杯状巢，内垫以兽毛和植物纤维等。1 年繁殖 1 窝，每窝产卵 5~6 枚。孵化期为 14~15d。晚成鸟。

分布 国内分布于除西藏外的各省区。卤阳湖主要见于景观林。

现状 4~5 月和 9~10 月春秋迁徙期在卤阳湖可见，数量稀少。

居留型 旅鸟。

保护级别 有重要生态、科学、社会价值的陆生野生动物。

雄鸟 / 臧晓博 摄

雌鸟 / 杨亚桥 摄

雌鸟 / 陈永锡 摄

（四十六）雀科 Passeridae

175. 麻雀

高学斌 摄

英文名 Eurasian Tree Sparrow

学名 *Passer montanus*

主要特征 体长约 14cm。体色为棕栗色。头部及后颈栗褐色，颊部白色且具 1 块大的黑斑，眼先及喉部黑色，颈部具 1 条细的白色环带，背部棕褐色具深色纵纹，胸腹污白色染褐色，尾浅褐色。幼鸟似成鸟，但颜色暗淡。虹膜褐色，嘴黑色，脚黄褐色。

生活习性 栖息于各种类型的生境。繁殖期成对活动，其余时间集群活动。主要以昆虫等动物性食物、果实和种子等植物性食物为食。繁殖期为 3~8 月。以干草、细枝和纤维等在建筑物缝隙或树洞中营碗状或杯状巢，垫以兽毛和羽毛等。1 年繁殖 2~3 窝，每窝产卵 5~6 枚。孵化期约为 12d。晚成鸟。

分布 国内分布于各省区。卤阳湖见于各种生境。

现状 全年在卤阳湖可见，数量较多。

居留型 留鸟。

保护级别 有重要生态、科学、社会价值的陆生野生动物。

高学斌 摄

（四十七）鹡鸰科 Motacillidae

176. 黄鹡鸰

英文名 Eastern Yellow Wagtail

学名 *Motacilla tschutschensis*

主要特征 体长约 18cm。体色为橄榄色和黄色相间，外侧尾羽白色。雄鸟头部和背部为橄榄绿色，不同亚种头部条纹各不相同，喉部及胸腹部黄色，中央尾羽黑色。雌鸟似雄鸟，但体色暗淡。亚成鸟上体灰褐色，下体污白色。虹膜褐色，嘴黑色，脚黑色。

生活习性 栖息于低山、丘陵和平原的草地、河流、沼泽和农田地区。繁殖期常成对活动，其余时间集群活动。主要以各类昆虫和蠕虫等动物性食物为食。繁殖期为 5~7 月。以干草和苔藓等在石缝中、建筑缝隙中或草丛中营碗状巢，内垫以兽毛和羽毛等。1 年繁殖 1~2 窝，每窝产卵 4~6 枚。孵化期约为 14d。晚成鸟。

分布 国内分布于除贵州、安徽、天津、重庆、新疆和澳门外的各省区。卤阳湖主要见于草地、农田和盐田。

现状 3~5 月和 8~10 月迁徙期在卤阳湖可见，数量较少。

居留型 旅鸟。

保护级别 有重要生态、科学、社会价值的陆生野生动物。

雄鸟 / 臧晓博 摄

亚成体 / 臧晓博 摄

雄鸟 / 王实 摄

177. 黄头鹡鸰

英文名 Citrine Wagtail

学名 *Motacilla citreola*

主要特征 体长约 18cm。体色黄黑色相间，外侧尾羽白色。雄鸟头部及下体黄色，后颈黑色，背部青灰色，两翼灰色，飞羽色深，具 2 道白色翼斑，尾羽黑色。雌鸟体色较淡，头至背部灰褐色，具黄色眉纹，颊部灰色，下体黄色。亚成鸟似雌鸟，但体色暗淡。虹膜褐色，嘴黑色，脚黑色。

生活习性 栖息于农田、草地、河流、沼泽和湖泊等生境。繁殖期成对活动，其余时间集群活动。主要以昆虫等动物性食物为食，也吃少量植物的种子和果实等植物性食物。繁殖期为 5~7 月。以干草和苔藓等在石缝中或草丛中营碗状巢，内垫以兽毛和羽毛等。1 年繁殖 1~2 窝，每窝产卵 4~6 枚。孵化期约为 14d。晚成鸟。

分布 国内分布于除海南、天津、重庆、广西和澳门外的各省区。卤阳湖主要见于草地、农田和盐田。

现状 3~5 月和 8~10 月迁徙期在卤阳湖可见，数量较多。

居留型 旅鸟。

保护级别 有重要生态、科学、社会价值的陆生野生动物。

178. 白鹡鸰

英文名 White Wagtail

学名 *Motacilla alba*

主要特征 体长约 20cm。体色黑、白和灰相间，外侧尾羽白色。雄鸟头部、枕部、喉部和胸部黑白两色，且各亚种斑纹不同，背部黑色或灰色，下体白色，翼具大块白斑，尾羽黑色。雌鸟似雄鸟，但体色暗淡。亚成鸟体色为灰色。虹膜褐色，嘴黑色，脚黑色。

生活习性 栖息于农田、草地、河流、沼泽和湖泊等湿地生境。繁殖期成对活动，其余时间结群活动。主要以昆虫等动物性食物为食，也吃少量的种子和果实等植物性食物。繁殖期为 4~7 月。以干草、植物纤维和草根等在石缝中或建筑的缝隙中营碗状巢，内垫以兽毛和羽毛等。1 年繁殖 1~2 窝，每窝产卵 5~6 枚。孵化期约为 12d。晚成鸟。

分布 国内分布于各省区。卤阳湖主要见于草地、农田和盐田。

现状 全年在卤阳湖可见，数量较多。

居留型 留鸟。

保护级别 有重要生态、科学、社会价值的陆生野生动物。

179. 田鹨

高学斌 摄

英文名 Richard's Pipit

学名 *Anthus richardi*

主要特征 体长约18cm。体色为黄褐色，外侧尾羽白色。头顶及背部具深褐色纵纹，具浅色眉纹，喉部色浅，具黑色髭纹，胸部具细小的褐色斑纹，下体污白色，尾褐色。虹膜褐色，嘴粉红褐色，脚粉红色。

生活习性 栖息于平原草地、林间空地、河滩和农田等开阔地带。常单独或成对活动，迁徙期结群活动。主要以昆虫等动物性食物为食。繁殖期为5~7月。以干草茎叶在草地凹坑营杯状巢。1年繁殖1~2窝，每窝产卵4~6枚。孵化期约13d。晚成鸟。

分布 国内分布于除台湾外的各省区。卤阳湖主要见于草地、农田和盐田。

现状 8月至次年5月在卤阳湖可见，数量较多。

居留型 旅鸟或冬候鸟。

保护级别 有重要生态、科学、社会价值的陆生野生动物。

臧晓博 摄

180. 树鹨

英文名 Olive-backed Pipit

学名 *Anthus hodgsoni*

主要特征 体长约15cm。体色为橄榄绿色，外侧尾羽白色。头顶及背部橄榄绿色且具褐色纵纹，粗的棕白色眉纹，耳部具1小块白斑，喉部及两胁染黄色，胸部及胁部具黑褐色纵纹，下体灰白色，尾绿褐色。虹膜褐色；上嘴褐色，下嘴粉褐色；脚粉褐色。

生活习性 栖息于山地、丘陵和平原的疏林、林缘、林间空地、灌丛和草地等生境。繁殖期成对活动，其余时间多结小群。主要以昆虫等动物性食物，以及种子等植物性食物为食。繁殖期为6~7月。以干草和苔藓等在草地凹坑筑杯状巢。1年繁殖1窝，每窝产卵4~6枚。孵化期为13~15d。晚成鸟。

分布 国内分布于各省区。卤阳湖主要见于草地和景观林。

现状 3~5月和8~11月迁徙期在卤阳湖可见，数量较少。

居留型 旅鸟。

保护级别 有重要生态、科学、社会价值的陆生野生动物。

陈永锡 摄

181. 粉红胸鹨

英文名 Rosy Pipit

学名 *Anthus roseatus*

繁殖羽 / 罗 磊 摄

主要特征 体长约 15cm。体色为灰色，外侧尾羽白色。繁殖期眉纹显著，为粉红色，头侧暗灰色，自颏至胸部为淡灰葡萄红色，下体余部灰白色，胸和两胁具少量的暗褐色纵纹，胁部柠檬黄色。上体橄榄灰色，具明显的黑褐色条纹，两翼各羽均具橄榄绿或灰白羽缘，有 2 道灰白色翼斑。非繁殖期眉纹皮黄色，颏至胸部的葡萄红色较淡或消失，下体胸和两胁具黑色纵纹。虹膜黑褐色；上嘴黑褐色，下嘴基部暗肉色；脚肉红色。

换羽期 / 臧晓博 摄

生活习性 栖息于平原和山地的灌丛、草地、河流、沼泽和水田等湿地生境。繁殖期成对活动，其余时间结小群。主要以昆虫等动物性食物，以及种子等植物性食物为食。繁殖期为 6~7 月。以干草等在草地凹坑或石缝中营杯状巢。每窝产卵 3~5 枚。孵化期约为 13d。晚成鸟。

分布 国内分布于河北、北京、山西、陕西、宁夏、甘肃、青海、新疆、西藏、云南、四川、重庆、贵州、湖北、江西、福建和海南。卤阳湖见于盐田及其周边灌草丛。

现状 在卤阳湖主要见于 3~4 月和 10~11 月的春秋迁徙期，数量稀少。

居留型 旅鸟。

保护级别 有重要生态、科学、社会价值的陆生野生动物。

繁殖羽 / 罗 磊 摄

182. 黄腹鹨

英文名 Buff-bellied Pipit

学名 *Anthus rubescens*

主要特征 体长约 15cm。体色为橄榄褐色，外侧尾羽白色。繁殖期眉纹白色且较短，上体橄榄褐色，颈侧具较小的黑色斑块，下体皮黄色，胸和两胁具稀疏的深色纵纹。非繁殖期颈侧的黑色斑块明显，下体白色渲染黄色，胸及胁部密布深色的纵纹，初级和次级飞羽白色。虹膜褐色；上嘴角质褐色，下嘴偏粉色；脚暗黄色。

生活习性 栖息于平原和山地的沼泽、草地和稻田等生境。繁殖期成对活动，其余时间结小群。主要以昆虫等动物性食物为食，也吃种子等植物性食物。繁殖期为 5~7 月。以干草等在草地凹坑营杯状巢，内垫以羽毛和兽毛等。每窝产卵 4~6 枚，孵化期约 14d。晚成鸟。

分布 国内分布于除宁夏、西藏和青海外的各省区。卤阳湖见于盐田及其周边灌草丛。

现状 在卤阳湖主要见于 3~4 月和 10 月春秋迁徙期，数量稀少。

居留型 旅鸟。

保护级别 无。

非繁殖羽 / 陈跃生 摄

183. 水鹨

英文名 Water Pipit

学名 *Anthus spinoletta*

主要特征 体长约 17cm。体色为灰褐色，外侧尾羽白色。繁殖期眉纹、喉部、胸部及胁部染棕黄色，两胁具淡的纵纹，嘴黑色。非繁殖期头部及背部灰褐色，具灰白色眉纹，胸部及两胁具褐色纵纹，下体灰白色，上嘴黑褐色，下嘴基部黄色。虹膜褐色，脚黑色。

非繁殖羽 / 杨亚桥 摄

生活习性 栖息于山地、丘陵和平原的林间空地、草地、农田、河谷、湖泊和沼泽等湿地生境。繁殖期成对活动，其余时间结群。主要以昆虫等动物性食物为食，也吃植物的种子等植物性食物。繁殖期为 5~8 月。以干草等在草地凹坑营杯状巢，内垫以羽毛和兽毛等。每窝产卵 4~6 枚。孵化期约为 14d。晚成鸟。

分布 国内分布于除黑龙江、吉林、贵州、海南、天津、重庆、西藏、广西、香港和澳门外的各省区。卤阳湖主要见于草地、盐田、农田和林区。

现状 8 月至次年 5 月在卤阳湖可见，数量较多。

居留型 旅鸟或冬候鸟。

保护级别 有重要生态、科学、社会价值的陆生野生动物。

非繁殖羽 / 高学斌 摄

（四十八）燕雀科 Fringillidae

184. 燕雀

英文名 Brambling

学名 *Fringilla montifringilla*

主要特征 体长约16cm。繁殖期雄鸟头部至背部黑色且具光泽，颏、喉和胸部橙黄色，两翼覆羽橙白和黑色相间，翼上具白斑，飞羽及尾黑色，尾呈叉状，两胁淡棕色杂有黑色斑点，腹部至尾下覆羽白色。非繁殖期雄鸟头部至背前部为斑驳的褐色、灰色和黑色。雌鸟似非繁殖期雄鸟但颜色较暗淡，头部和颈侧灰色。虹膜褐色；嘴粗厚呈黄色，尖端黑色；脚粉褐色。

生活习性 栖息于各种类型的森林、果园和城市公园绿地生境。繁殖期成对活动，其余时间集群。主要食物是草籽、果实、种子和嫩芽等。繁殖期为5~7月。营巢于树木主干旁的分支处，以干草、苔藓和树皮纤维等营杯状巢，内垫以兽毛和羽毛等。每窝产卵5~7枚。孵化期为12~13d。晚成鸟。

分布 国内分布于除宁夏、青海、西藏和海南以外的各地。卤阳湖主要见于林区中。

现状 4~5月和9~10月迁徙期在卤阳湖可见，数量较少。

居留型 旅鸟。

保护级别 有重要生态、科学、社会价值的陆生野生动物。

雄鸟 / 陈永锡 摄

雄鸟 / 高学斌 摄

雌鸟 / 高学斌 摄

185. 普通朱雀

英文名 Common Rosefinch

学名 *Carpodacus erythrinus*

主要特征 体长约15cm。雄鸟上体红色，下体淡红色，头部、喉部、胸部及腰部亮红色，背部褐色染红色，两翼及尾黑褐色，羽缘染红色。雌鸟上体橄榄褐色，下体近白色，喉及胸部具深褐色纵纹。虹膜深褐色，嘴粗厚灰褐色，脚褐色。

生活习性 栖息于山地、丘陵和平原地区的森林、林缘灌丛、果园、农田和草地生境。繁殖期成对活动，其余时间结小群。主要取食果实、种子、嫩芽等植物性食物，也吃少量的昆虫类动物性食物。繁殖期为5~7月。营巢于灌丛或小树的枝杈上，以枯草茎、草叶和草根等营杯状巢，内垫以须根和兽毛等。1年繁殖1~2窝，每窝产卵3~6枚。孵化期为13~14d。晚成鸟。

分布 国内分布于除海南以外的各地。卤阳湖见于除水域外的各生境中。

现状 4~5月和9~10月迁徙期在卤阳湖可见，数量较少。

居留型 旅鸟。

保护级别 有重要生态、科学、社会价值的陆生野生动物。

雌鸟 / 王小炯 摄

雄鸟 / 王小炯 摄

雄鸟 / 张国铭 摄

186. 金翅雀

英文名 Grey–capped Greenfinch

学名 *Chloris sinica*

主要特征 体长约 13cm。雄鸟头颈部灰色，侧面渲染有黄色，背部深褐色，两翼棕褐色、黑色、黄色和灰白相间，飞羽基部黄色，飞行时可见明显的黄色宽翼斑，腰和臀部黄色，胸腹部棕褐色并带有黄色。雌鸟似雄鸟，但颜色较暗淡。幼鸟体色暗淡且具纵纹。虹膜深褐色，嘴粗厚呈粉色，脚粉褐色。

生活习性 栖息于低海拔的山地、丘陵和平原地区的疏林、果园和城市公园绿地生境。繁殖期成对活动，其余时间集群活动。主要取食果实、种子、谷物、嫩芽等植物性食物，也吃少量的动物性食物。繁殖期为 3~8 月。营巢于小树的枝杈上，用植物纤维、干草茎叶和草根等营杯状或碗装巢，内垫以细草茎和兽毛等。1 年繁殖 1~2 窝，每窝产卵 4~5 枚。孵化期为 12~14d。晚成鸟。

分布 国内分布于除新疆、西藏和海南以外的各地。卤阳湖各处均可见。

现状 在卤阳湖全年可见，数量较多。

居留型 留鸟。

保护级别 有重要生态、科学、社会价值的陆生野生动物。

雄鸟 / 陈永锡　摄

雄鸟 / 高学斌　摄

雄鸟 / 臧晓博　摄

（四十九）鹀科 Emberizidae

187. 三道眉草鹀

英文名 Meadow Bunting

学名 *Emberiza cioides*

主要特征 体长约 16cm。繁殖期雄鸟头顶、后颈及耳羽为深栗色，眼先至嘴基部及下颊纹为黑色，眉纹、眼下部和喉部白色，颈侧为灰色，背部棕褐色具黑色纵纹，两翼及尾黑褐色而羽缘棕色，外侧尾羽外缘白色，腰棕红色，胸部栗色，腹部沙棕色，两胁棕红色。非繁殖期雄鸟的栗色和栗红色部分较淡。雌鸟似非繁殖期雄鸟，但整体更暗淡，眼先和下颊纹为棕黄色，胸部棕红色。虹膜深褐色；上嘴蓝黑色，下嘴蓝灰色；脚粉褐色。

生活习性 栖息于低海拔丘陵、平原地区的次生林、疏林和灌丛，以及农田、村镇周边的树林和灌丛生境。繁殖期成对活动，其余时间常集小群。繁殖期主要以各类昆虫等动物性食物为食，非繁殖期主要以植物的种子和果实等植物性食物为食。繁殖期为 5~7 月。巢址一般位于较密的小树和灌丛中的枝杈上，用干草茎叶和草根营杯状或碗状巢，内垫以细草茎和兽毛等。1 年繁殖 1~2 窝，每窝产卵 4~5 枚。孵化期为 12~13d。晚成鸟。

分布 国内分布于除西藏和海南以外的各省区。卤阳湖除水域外各处均有分布。

现状 在卤阳湖全年可见，数量较少。

居留型 留鸟。

保护级别 有重要生态、科学、社会价值的陆生野生动物。

雄鸟 / 高学斌 摄

雌鸟 / 高学斌 摄

雄鸟 / 高学斌 摄

188. 栗耳鹀

英文名 Chestnut-eared Bunting

学名 *Emberiza fucata*

主要特征 体长约 16cm。繁殖期雄鸟头顶至后颈及颈侧灰色并带有细密的黑色纵纹，眉纹前部棕白而后部灰色，耳羽栗色，髭纹黑色，下颊纹和喉部白色或黄白色，背栗色具黑色纵纹，两翼黑褐色具棕色羽缘，小覆羽栗色，尾羽黑褐色羽缘棕灰色，外侧尾羽外缘白色，胸部有 1 条密集的黑色斑点组成的胸带与髭纹相连，下方有 1 条栗色胸带，腹部为淡皮黄色，两胁皮黄具棕红和黑褐色纵纹。非繁殖期雄鸟羽色较淡，黑色和栗色胸带不明显。雌鸟似非繁殖期雄鸟，但体色更暗淡。虹膜褐色，具白色眼圈；上嘴黑褐色，下嘴蓝灰色基部偏粉；脚肉粉色。

生活习性 栖息于低海拔山地、丘陵、平原、河谷和沼泽等开阔地带的疏林、林缘、灌丛和草地生境。繁殖期成对活动，其余时间常集小群。繁殖期主要以各类昆虫等动物性食物为食，非繁殖期主食果实、种子等植物性食物。繁殖期为 5~8 月。营巢于草丛中或灌木枝杈上，用干草茎叶、须根和苔藓营杯状巢，内垫以兽毛和羽毛等。1 年繁殖 1~2 窝，每窝产卵 4~6 枚。孵化期约为 12d。晚成鸟。

分布 国内分布于除新疆和青海以外的各省区。卤阳湖见于灌丛草地中。

现状 4~9 月在卤阳湖可见，数量稀少。

居留型 夏候鸟。

保护级别 有重要生态、科学、社会价值的陆生野生动物。

189. 小鹀

英文名 Little Bunting

学名 *Emberiza pusilla*

主要特征 体长约 13cm。繁殖期顶冠纹、耳羽、眼周和颏部栗色，侧冠纹、耳羽后侧外缘及髭纹黑褐色，眉纹后部和下颊纹白色至淡褐色，背部灰色并带有黑褐色纵纹，两翼及尾羽黑褐色羽缘栗褐色或沙棕色，外侧尾羽外缘白色，喉部、胸腹部污白色，胸和两胁有黑色短纵纹。非繁殖期体色较暗淡。虹膜深褐色；上嘴黑褐色，下嘴灰褐色；脚肉褐色。

生活习性 栖息于开阔地带的稀疏林、灌丛、草地、农田和城市公园等生境。繁殖期成对活动，其余时间集群。主要食物是植物的种子和果实等，也吃一些昆虫等动物性食物。繁殖期为 6~7 月。营巢于草丛或灌丛中，用干草茎叶营杯状巢，内垫以细草茎和兽毛等。每窝产卵 4~6 枚。孵化期为 11~12d。晚成鸟。

分布 国内分布于各省区。卤阳湖分布于除水域以外的区域。

现状 8 月至次年 4 月在卤阳湖可见，数量较多。

居留型 旅鸟或冬候鸟。

保护级别 有重要生态、科学、社会价值的陆生野生动物。

非繁殖羽 / 陈永锡 摄

190. 黄胸鹀

英文名 Yellow-breasted Bunting

学名 *Emberiza aureola*

主要特征 体长约 15cm。繁殖期雄鸟头部黑色，头顶经颈后部至背部为栗红色，背部有不明显的黑色纵纹，两翼栗红色、黑褐色和浅棕色相杂，具显著的白色肩纹和浅色翼斑，飞羽及尾黑褐色而羽缘浅棕色，外侧尾羽外缘白色，腰栗红色，颏及喉部黑色，其余下体部分为鲜黄色，胸部具 1 处深栗色横带，两胁有深栗色纵纹，尾下覆羽白色。非繁殖期雄鸟颜色暗淡许多，上体栗红色褪为棕褐色，头部的黑色褪去，眼先、眉纹、颏和喉部黄色，耳羽皮黄杂有褐色细纹，耳羽边缘为深褐色，胸部栗色横带变淡或消失。雌鸟似非繁殖期雄鸟，但头顶、耳羽、背部及两翼偏浅褐色，翼上具 2 道浅色翼斑，侧冠纹深褐色，眉纹、喉及胸腹部淡黄色，无胸带。虹膜深褐色；上嘴灰褐色，下嘴粉褐色；脚肉褐色。

雌鸟 / 张小勇 摄

雄鸟 非繁殖羽 / 臧晓博 摄

生活习性 栖息于低山丘陵和平原地区的林缘地带、灌丛、草甸及农田等环境，尤喜湿地附近的灌草丛。繁殖期成对活动，其余时间集群。繁殖期主要以各类昆虫等小型无脊椎动物为食，非繁殖期主要以植物的果实和种子为食。繁殖期为 5~7 月。营巢于草丛或灌木林中的地面凹陷处，用干草茎叶营碗状巢，内垫以细草茎和兽毛等。1 年繁殖 1 窝，每窝产卵 4~5 枚。孵化期为 13d 左右。晚成鸟。

分布 国内分布于西藏以外的各省区。卤阳湖仅偶见于中部栽种有小树的芦苇中。

现状 数量稀少。仅在 2017 年 9 月记录到 9 只。

居留型 旅鸟。

保护级别 国家 I 级重点保护野生动物。

雄鸟 繁殖羽 / 臧晓博 摄

191. 苇鹀

英文名 Pallas's Bunting

学名 *Emberiza pallasi*

主要特征 体长 14cm。繁殖期雄鸟头部整体为黑色，喉侧至颈侧有 1 道白色斑纹，并与白色颈环相连，背部黑色具白色或皮黄色纵纹，小覆羽蓝灰色，两翼黑色具棕白色羽缘，2 道浅色翼斑明显，腰灰白色，尾黑褐色具浅色羽缘，外侧尾羽外缘白色，下体浅灰白色。非繁殖期雄鸟头部的黑色基本被棕色和皮黄色取代，仅存斑驳的黑斑及黑色髭纹，颈、颏、喉及胸腹部淡褐色。雌鸟有较明显的白色眉纹，耳羽淡褐色，其余羽色似非繁殖期雄鸟，但整体更暗淡。与芦鹀的区别在于体型较小，上嘴平直而非弧形，小覆羽蓝灰色而非棕色，尾羽较长。虹膜深褐色；上嘴黑褐色，下嘴黄褐色；脚粉褐色。

非繁殖羽 / 陈永锡　摄

非繁殖羽 / 廖小青　摄

生活习性 繁殖栖息于西伯利亚的树林、灌丛及林缘苔原；越冬栖息于平原或山脚的灌丛、草地、芦苇和农田，尤喜湿地周围的灌草丛。繁殖期成对活动，其余时间常集小群。主要以植物的种子、果实和嫩芽等植物性食物为食，也吃一些昆虫等小型无脊椎动物。繁殖期为 6~7 月。巢址大多选择在草丛的地面或灌木低枝上，以干草茎叶营碗状巢。每窝产卵 4~5 枚。孵化期约为 15d。晚成鸟。

分布 国内分布于除西藏、青海、四川、重庆、云南、广西和海南的各省区。卤阳湖主要分布于盐田周围的灌丛和芦苇中。

现状 4~5 月和 10~11 月迁徙期在卤阳湖可见，数量稀少。

居留型 旅鸟。

保护级别 有重要生态、科学、社会价值的陆生野生动物。

非繁殖羽 / 臧晓博　摄

参考文献

[1] 刘博野，杨亚桥，夏川广，等．陕西发现阔嘴鹬和蒙古沙鸻 [J]. 动物学杂志 ,2021,56（1）：157~158.

[2] 臧晓博，杨亚桥．陕西省鸟类新记录——半蹼鹬 [J]. 四川动物 ,2020,39（1）:74.

[3] 臧晓博，姚东武，高国哲，等．陕西省鸟类新记录——长嘴半蹼鹬 [J]. 四川动物 ,2019,38（3）：327.

[4] 杨亚桥，罗磊，刘博野，等．陕西省鸟类新记录——白头硬尾鸭 [J]. 四川动物 ,2019，38（2）:129.

[5] 陕西省林业调查规划院．陕西蒲城卤阳湖国家湿地公园总体规划修编（2019~2023），2019.6.

[6] 郑光美主编．中国鸟类分类与分布名录 [M]. 北京：科学出版社，2017.

[7] 段文科，张正旺主编．中国鸟类图志 [M]. 北京：中国林业出版社，2017.

[8] 罗磊，梁波，韩宁，等．陕西省鸟类新纪录——红颈瓣蹼鹬和尖尾滨鹬 [J]. 四川动物，2016,（35）4:549.

[9] 罗磊，梁波，索丽娟，等．陕西省鸟类新纪录——中华攀雀 [J]. 四川动物 .2015,34（4）:547.

[10] 曲利明．中国鸟类图鉴 [M]. 福州：海峡出版发行集团海峡书局，2014.

[11] 罗磊，韩宁，侯玉宝，高学斌．陕西省鸟类新纪录——紫翅椋鸟 [J]. 四川动物 ,2013，（32）2:282.

[12] 郑光美．鸟类学．第 2 版 [M]. 北京：北京师范大学出版社，2012.

[13] 周杰，李小强，等．关中—天水经济区环境与可持续发展 [M]. 北京：科学出版社，2012.

[14] 孙承骞．中国陕西鸟类图志 [M]. 西安：陕西科学技术出版社，2007.

[15] 赵正阶．中国鸟类志 [M]. 长春：吉林科学技术出版社，2001.

[16] 约翰・马敬能卡伦・菲利普斯，何芬奇著．中国鸟类野外手册 [M]. 长沙：湖南教育出版社，2000.

[17] 蒲城县志编纂委员会．蒲城县志 [M]. 北京：中国人事出版社，1993.

[18] 郑作新．秦岭鸟类志 [M]. 北京：科学出版社，1973.

陕西蒲城卤阳湖国家湿地公园总体规划布局图

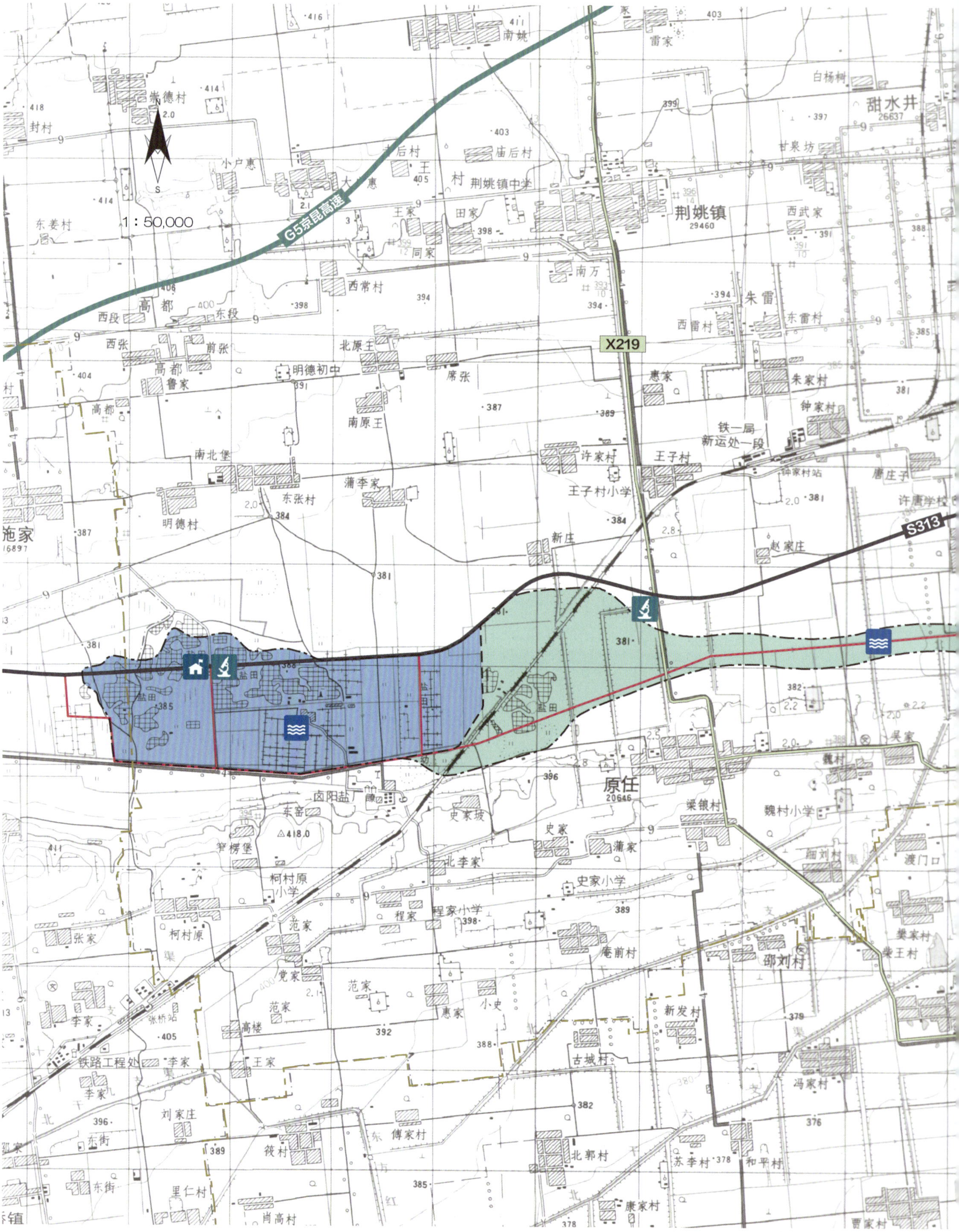

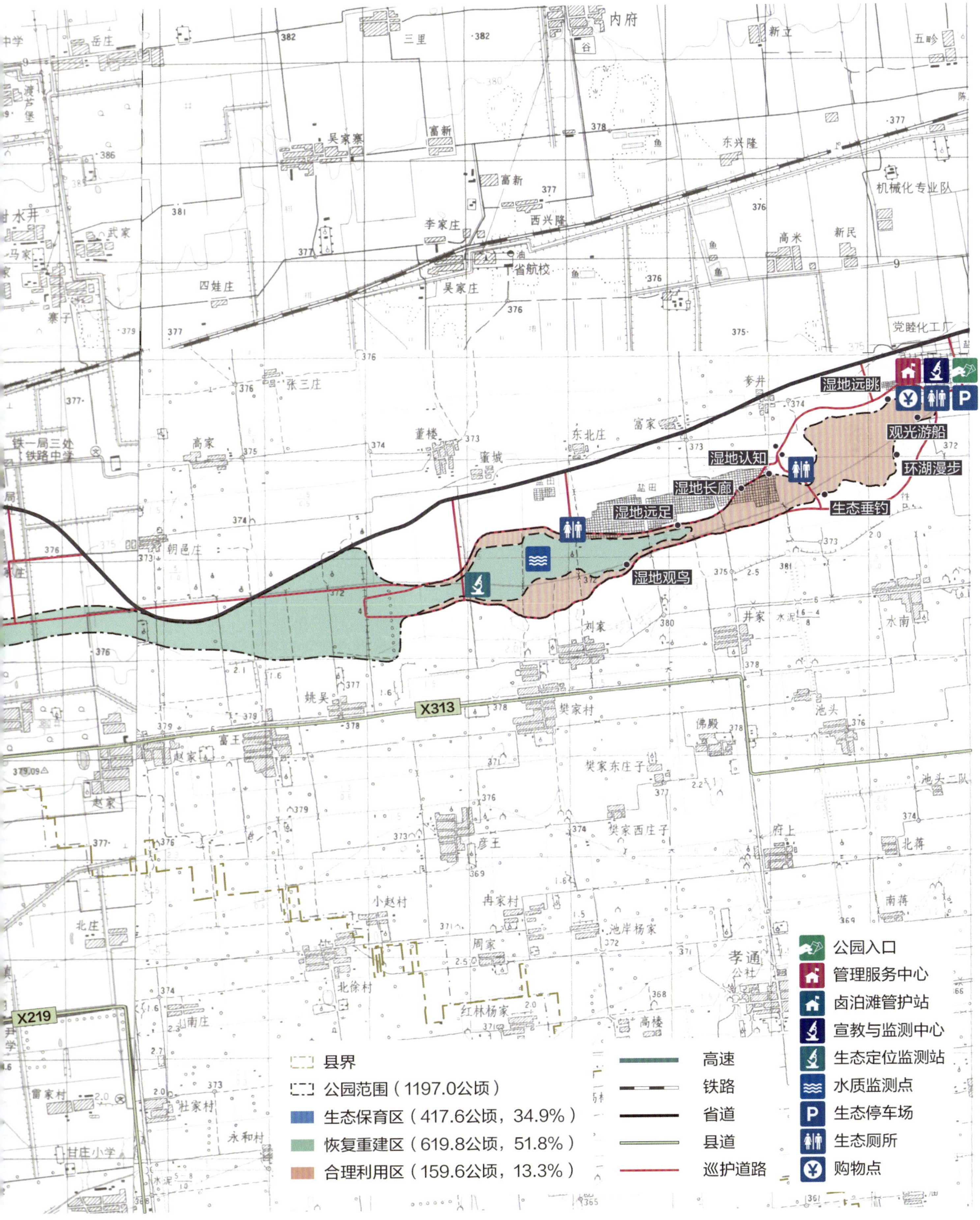
湿地远眺
观光游船
湿地认知
环湖漫步
湿地长廊
生态垂钓
湿地远足
湿地观鸟
X313
X219
县界
公园范围（1197.0公顷）
生态保育区（417.6公顷，34.9%）
恢复重建区（619.8公顷，51.8%）
合理利用区（159.6公顷，13.3%）
高速
铁路
省道
县道
巡护道路
公园入口
管理服务中心
卤泊滩管护站
宣教与监测中心
生态定位监测站
水质监测点
生态停车场
生态厕所
购物点